社会消防安全教育培训系列丛书

宾馆、饭店消防安全培训教程

清大东方教育科技集团有限公司　编

U0247668

中国人民公安大学出版社

·北京·

图书在版编目（CIP）数据

宾馆、饭店消防安全培训教程／清大东方教育科技集团有限公司编. —北京：中国人民公安大学出版社，2019.11
（社会消防安全教育培训系列丛书）
ISBN 978-7-5653-3674-4

Ⅰ.①宾… Ⅱ.①清… Ⅲ.①旅馆—消防—安全培训—教材②饭店—消防—安全培训—教材 Ⅳ.①TU998.1

中国版本图书馆 CIP 数据核字（2019）第 133975 号

宾馆、饭店消防安全培训教程

清大东方教育科技集团有限公司　编

出版发行：中国人民公安大学出版社
地　　址：北京市西城区木樨地南里
邮政编码：100038
经　　销：新华书店
印　　刷：北京市泰锐印刷有限责任公司
版　　次：2019 年 11 月第 1 版
印　　次：2019 年 11 月第 1 次
印　　张：8.75
开　　本：787 毫米×1092 毫米　1/16
字　　数：180 千字
书　　号：ISBN 978-7-5653-3674-4
定　　价：33.00 元

网　　址：www.cppsup.com.cn　　www.porclub.com.cn
电子邮箱：zbs@cppsup.com　　zbs@cppsu.edu.cn

营销中心电话：010-83903254
读者服务部电话（门市）：010-83903257
警官读者俱乐部电话（网购、邮购）：010-83903253
教材分社电话：010-83903259

社会消防安全教育培训系列丛书

编审委员会

主　任：程水荣

副主任：杨忠良

委　员：许传升　丁显孔　陈广民

赵瑞锋　王华飞　赵　鹏

宾馆、饭店消防安全培训教程

撰稿人：景　绒

审　核：李宝萍　畅红梅

作者简介

景 绒，中国人民警察大学消防工程系教授，研究生导师，全国消防标准化委员会固定灭火系统分技术委员会委员，消防行业国家职业标准制定专家工作组专家，消防安全教育专家。出版专著3部，主编和参编著作及教材16部，主持和参与完成国家及省部级科研项目9项，主持编制完成公共安全行业标准2部，发表学术论文20篇。荣获省部级科学技术一等奖、二等奖、三等奖各1次，荣立个人三等功2次，荣获公安部直属机关"巾帼建功"先进个人称号1次。

前　言

党的十九大报告指出：中国特色社会主义进入新时代，我国社会主要矛盾已经转化为人民日益增长的美好生活需要和不平衡不充分的发展之间的矛盾。预防火灾事故、减少火灾危害、维护公共安全是享有美好生活的基本前提。消防安全事关人民群众生命财产安全，事关改革发展大局稳定，是人民群众最关心、最直接、最现实的利益问题，也是保护和发展社会生产力、促进经济社会持续健康发展的最基本保障。

大量惨痛的火灾事故教训告诉我们，面向全社会开展长期持续、专业、科学、规范的消防安全教育培训，是最直接、最经济、最有效的消防安全基础工作，必须坚持不懈地开展下去。随着我国经济和社会的快速发展，社会各界对消防安全教育培训的要求越来越迫切。公民对消防安全教育培训的形式、内容和专业性提出了更高的期待和要求。为此，清大东方教育科技集团有限公司作为我国规模最大、覆盖面最广的消防安全培训机构，组织专家学者编写了社会消防安全教育培训系列丛书，以满足社会消防安全教育培训的实际需要。

系列教材以《中华人民共和国消防法》、《消防安全责任制实施办法》（国办发〔2017〕87号）、《社会消防安全教育培训规定》（公安部109号令）、《社会消防安全教育培训大纲（试行）》（公消〔2011〕213号）为依据，深刻总结历次火灾事故经验教训，借鉴世界各国成熟经验，研究新时期消防安全教育培训特点，充分考虑消防安全教育培训一线的迫切需求，力求做到有的放矢、科学实用。

系列教材的编写者是来自消防战线长期从事消防宣传教育的专家和消防安全培训行业资深教育工作者，对消防安全教育培训既有较高的理论水平，又有丰富的实践经验，使之在编写质量上有了可靠保障。

　　该系列教材共28册，分批次陆续出版，是目前我国适用范围最广、专业性最强的消防安全教育培训教材，可满足不同层次、不同读者的自学需要和消防安全教育培训教员使用，也可供消防工作者阅读参考。

"社会消防安全教育培训系列丛书"编审委员会
2018 年 5 月

编 写 说 明

为深入贯彻《中华人民共和国消防法》《机关、团体、企业、事业单位消防安全管理规定》和党中央、国务院关于安全生产及消防安全的重要决策部署，依据公安部、教育部、人力资源和社会保障部制定的《社会消防安全教育培训大纲（试行）》（公消〔2011〕213 号），清大东方教育科技集团有限公司组织编写了《宾馆、饭店消防安全培训教程》。

本教材共八章：第一章宾馆、饭店消防安全管理概述；第二章宾馆、饭店消防安全职责及违法责任追究；第三章宾馆、饭店火灾预防；第四章宾馆、饭店消防设施的设置与维护管理；第五章宾馆、饭店消防安全检查；第六章宾馆、饭店消防安全宣传与教育培训；第七章宾馆、饭店初起火灾扑救和火场疏散逃生；第八章宾馆、饭店消防档案建设与管理。本教材涵盖了宾馆、饭店消防安全管理的全部内容，其体系完整，结构合理，内容丰富，详略得当，既有理论又有案例，循序渐进，图文并茂，符合知识学习的逻辑关系和教学需要。

本教材由中国人民警察大学消防工程系景绒教授编著，李宝萍、畅红梅高级工程师主审。在编写过程中得到赵瑞锋、沈鹤鸣、周白霞等专家的支持和帮助。在此向所有关心本教材编写出版的领导、专家表示衷心的感谢。本教材主要供宾馆、饭店的消防安全责任人、消防安全管理人及其相关从业人员等阅读，也可供消防院校师生和消防监督人员学习参考。

由于编者水平所限，书中难免出现疏漏和不妥当之处，敬请广大读者批评指正。

编者
2019 年 9 月

目 录
CONTENTS

第一章　宾馆、饭店消防安全管理概述

　　宾馆、饭店是提供住宿、餐饮、娱乐、健身、会议、宴会、购物服务和商务办公于一体的公众聚集场所，其使用功能复杂，装修豪华，人员集中，用火、用电、用气设备点多量大，由此带来的火灾不确定性因素增多，稍有不慎，就有可能引发群死群伤火灾事故。因此，为了预防和减少火灾危害，保护人身、财产安全，宾馆、饭店应开展消防安全管理工作。

第一节　宾馆、饭店火灾形势及开展消防安全管理的重要性

一、宾馆、饭店火灾形势

　　根据中国消防年鉴火灾事故统计，从 1997 年至 2016 年我国共发生了 111 起重特大火灾，造成 2320 人死亡、1422 人受伤，直接财产损失 17.5 亿元人民币。其中，人员密集场所共发生重特大火灾 75 起，占各类场所重特大火灾总起数的 67.5%；亡 1668 人，占各类场所重特大火灾亡人总数的 71.9%；伤 958 人，占各类场所重特大火灾伤人总数的 67.4%。从起火场所看，宾馆、饭店发生重特大火灾起数比重较大，占各类场所重特大火灾总起数的 13.5%，如图 1-1 所示。近年来，宾馆、饭店发生的典型火灾事故有：1997 年湖南省长沙市 "1·29" 燕山酒家火灾事故，造成 40 人死亡，89 人受伤；2003 年黑龙江省哈尔滨市 "2·15" 天潭大酒店火灾事故，造成 33 人死亡，10 人受伤；2005 年广东省汕头市华南宾馆 "6·10" 火灾事故，造成 31 人死亡，28 受伤；2013 年湖北省襄阳市城市花园酒店 "4·14" 火灾事故，造成 14 人死亡，47 人受伤；2018 年黑龙江省哈尔滨市北龙汤泉酒店 "8·25" 火灾事故，造成 20 人死亡、24 人受伤。可以看出，宾馆、饭店始终是亡人火灾高发区，是火灾形势比较严峻的场所，是防范和遏制重特大火灾的 "靶心" 所在。

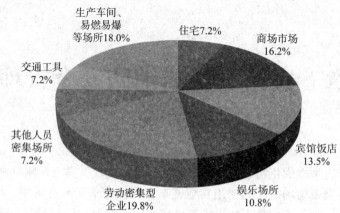

图 1-1　1997 年至 2016 年重特大火灾发生场所分布图

二、宾馆、饭店的火灾危险性

1. 可燃物多，火灾荷载大。

由于宾馆、饭店的特殊用途，使得该场所内的可燃物多，火灾荷载较大。其中一类主要是由建筑本身建造材料、场所内的装饰装修材料等可燃物构成的固定火灾荷载。另一类主要是家具、床上用品、地毯、窗帘、陈设、衣物等可燃物构成的移动火灾荷载。这些可燃物遇到火源，极易燃烧和蔓延。例如，2011 年 2 月 3 日沈阳皇朝万鑫大厦发生火灾的直接原因就是大厦住宿人员在该大厦 B 座室外燃放烟花，引燃了 B 座 11 层室外平台地面塑料草坪，随后引燃该建筑物铝塑板结合处可燃胶条、泡沫棒、挤塑板，致使火势迅速蔓延扩大，建筑外窗破碎，引燃室内可燃物，进而形成大面积立体燃烧。

2. 建筑结构复杂，蔓延速度快。

现代化星级宾馆、饭店集住宿、餐饮、会议、购物、娱乐等为一体，具有建筑体量大、结构复杂、功能多样化等特点，且很多都属于高层建筑，其楼梯间、电梯井、电缆井、垃圾道等竖井林立，在使用过程中，若防火分隔未做好，该关闭的防火门未关，极易使这些管道竖井变成拔火的烟囱。再加上通风管道纵横交错，延伸到建筑的各个角落，发生火灾，产生烟囱效应，使火焰沿着竖井和通风管道迅速蔓延扩大，对整幢建筑物会造成严重威胁。例如，哈尔滨市北龙汤泉酒店 "8·25" 火灾事故，导致火灾蔓延扩大和群死群伤的主要原因是火灾发生时该酒店 E 区三层的常闭式防火门使用灭火器箱挡住，使其始终处于敞开状态。起火后，可燃装饰材料燃烧产生的大量有毒有害物质的浓烟，迅速通过敞开的防火门进入 E 区三层客房走廊，短时间内充满整个走廊并渗入房间，封死了逃生路线。

3. 用火、用电、用气频繁，致灾因素多。

宾馆、饭店不仅用火、用电、用气设备多且使用频繁，致灾因素多，如客人卧床吸烟、乱丢烟蒂和火柴梗，电器线路接触不良，电热器具使用不当，厨房、操作间、锅炉房等部位液体、气体燃料泄漏或用火不慎，维修管道设备和装修施工动火违章等，均增大了宾馆、饭店的火灾危险性，如果疏于管理，则极易发生火灾。例如，汕头市华南宾馆"6·10"火灾事故，其直接原因系宾馆第二层金陵包厢门前吊顶上电气线路短路引燃可燃物所致。

4. 疏散困难，易造成人员重大伤亡。

宾馆、饭店是人员比较集中的地方，旅客复杂、流动性大，且对建筑内的环境情况、疏散设施不熟悉，加之发生火灾时，烟雾弥漫，心情紧张，极易迷失方向，拥塞在通道上，造成秩序混乱。此外，可燃物在燃烧过程中会释放出一氧化碳、氰化氢、氯化氢等有毒气体，出现被困人员中毒、神志不清，给人员疏散和火灾扑救工作带来困难，易造成人员重大伤亡。例如，哈尔滨市天潭大酒店"2·15"火灾造成33人死亡的主要原因是燃烧形成的高温有毒烟气通过楼梯迅速向二楼蔓延，加上该酒店二楼窗户设置了栅栏，地下室疏散出口被上锁，消防安全通道和疏散出口不畅通，造成部分就餐人员和酒店员工逃生不及时，中毒窒息死亡。

三、宾馆、饭店开展消防安全管理的必要性

为了有效地预防和遏制宾馆、饭店火灾事故，保护人身和财产安全，保障该场所长期稳定经营发展，就必须大力开展消防安全管理，其必要性主要体现在以下几个方面：

1. 落实消防安全责任的需要。

《中华人民共和国消防法》（以下简称《消防法》）等法律、法规明确规定，宾馆、饭店作为公众聚集场所，应该严格落实消防安全责任制，切实履行消防安全职责，加强消防安全管理，确保本场所的消防安全。

2. 保护公民生命财产安全的需要。

由于宾馆、饭店存在较大的火灾风险，不仅人员高度密集，而且可燃物多，火灾荷载大，用火、用电、用气频繁，致灾因素多，建筑结构复杂，一旦发生火灾，火势蔓延迅速，人员疏散困难，扑救难度大，极有可能发生群死群伤的火灾事故。因此，为了预防火灾和减少火灾危害，保护人身、财产安全，宾馆、饭店必须加强消防安全管理。

3. 保卫现代化经济建设的需要。

经济建设的迅猛发展，促使以营利为目的的宾馆、饭店从单一运营模式向多功能方向发展，消防安全水平也需要同步跟上。宾馆、饭店如果缺少良好的消防安全环境，一旦发生火灾，将化为灰烬，全部财产将付之一炬，停业甚至破产，单位经营活动将不会持续稳定进行。因此，要始终把预防火灾放在首位，从思想上、组织、制度上采取各种积极措施，以防止火灾的发生。

4. 构建和谐社会的需要。

宾馆、饭店发生火灾，不仅会给受灾群众个体带来危害和不幸，同时也会给当地的社会和谐稳定带来一定的影响。因此，为增进民生福祉，建设平安中国，维护社会和谐稳定，确保国家长治久安，宾馆、饭店有关单位应依法开展消防安全自我管理。

第二节　消防安全管理的行动指南和基本准则

宾馆、饭店开展消防安全管理的行动指南和基本准则如下：

一、消防安全管理的行动指南

根据《消防法》的规定，我国消防工作的方针是"预防为主，防消结合"。该方针是指导宾馆、饭店开展消防安全管理工作的行动指南。

（一）预防为主

"预防为主"，就是在消防工作的指导思想上，要把预防火灾工作摆在首位。我国早在战国时期就提出了"防为上，救次之"的思想。古今中外的历史证明，消防工作中应把火灾预防工作放在首位，防患于未然，力求从根本上杜绝火灾的发生。无数事实证明，只要人们具有较强的消防安全意识，自觉遵守执行消防法律、法规、消防技术标准和规章制度，大多数火灾是可以预防的。

（二）防消结合

"防消结合"，就是把同火灾作斗争的两个基本手段——防火和灭火有机地结合起来，做到相辅相成、互相促进。因为通过预防虽然可以防止大多数火灾的发生，但完全杜绝火灾的发生是不可能的，也是不现实的。因此，在做好火灾预防的同时，必须切实做好扑救火灾的各项准备工作，一旦发生火灾，做到及时发现、有效扑救，最大限度地减少人员伤亡和财产损失。

二、消防安全管理的基本准则

《消防法》规定的消防工作实行"政府统一领导、部门依法监管、单位全面负责、公民积极参与"的原则，是各消防安全管理主体在具体的管理过程中都应当遵循的基本准则，同样也是贯穿于宾馆、饭店消防安全管理工作的基本准则和内在精神。

（一）政府统一领导

消防安全是政府社会管理和公共服务的重要内容，是社会稳定和经济发展的重要保障。国务院领导全国的消防工作，地方各级人民政府负责本行政区域内的消防工作。这是关于各级人民政府消防工作责任的原则规定。国务院作为中央人民政府、最高国家权力机关的执行机关、最高国家行政机关，领导全国的消防工作，国务院在经济社会发展的不同时期，向各省、自治区、直辖市人民政府发出加强和改进消防工作的意见。同时，《消防法》也对地方政府消防工作责任做了具体规定。

（二）部门依法监管

政府部门是政府的组成部分，代表政府管理某个领域的公共事务，应急管理部门及消防救援机构是代表政府依法对消防工作实施监督管理的部门。由于消防工作涉及面广，仅靠应急管理部门及消防救援机构的监管是不够的，住房和城乡建设、工商、质监、文化、教育、人力资源等部门也应当依据有关法律、法规和政策的规定，依法履行相应的消防安全监管职责。政府各部门齐抓共管，是消防工作的社会化属性所决定的。

（三）单位全面负责

单位是社会的基本单元，也是社会消防管理的基本单元。单位对消防安全和致灾因素的管理能力，反映了社会公共消防安全管理水平，在很大程度上决定了一个城市、一个地区的消防安全形势。单位是自身消防安全的责任主体，如果每个单位都能自觉依法落实各项消防安全职责，实行自我防范，消防工作才会有坚实的社会基础，火灾才能得到有效控制。

（四）公民积极参与

公民是消防工作的基础，没有广大人民群众的参与，防范火灾的基础就不会牢固。如果每个公民都具有消防安全意识和基本的消防知识、技能，形成人人都是消防工作者的局面，全社会的消防安全就会得到有效保证。无论是防火还是灭火，无论是公共消防管理还是单位内部消防管理，公民参与体现在消防工作的方方面面。

第三节　消防安全管理的常用消防法律法规

消防法律、法规，具体包括消防法律、消防行政法规、地方性法规和消防行政规章以及消防标准和规范性文件等。宾馆、饭店消防安全管理常用的消防法律、法规包括以下内容：

一、常用的消防相关法律

1. 中华人民共和国消防法。

现行《消防法》于2019年4月23日第十三届全国人民代表大会常务委员会第十次会议通过修订，自2019年4月23日起实施。该法是我国消防工作的专门性法律，共7章74条，分为：总则、火灾预防、消防组织、灭火救援、监督检查、法律责任和附则。其立法宗旨是预防火灾和减少火灾危害，加强应急救援工作，保护人身、财产安全，维护公共安全。

2. 中华人民共和国治安管理处罚法。

现行《中华人民共和国治安管理处罚法》（以下简称《治安管理处罚法》）于

2012年10月26日第十一届全国人民代表大会常务委员会第二十九次会议通过修正，自2013年1月1日起施行。该法共6章119条，分为：总则、处罚的种类和适用、违反治安管理的行为和处罚、处罚程序、执法监督和附则。立法宗旨是为维护社会治安秩序，保障公共安全，保护公民、法人和其他组织的合法权益，规范和保障公安机关及其人民警察依法履行治安管理职责。

3. 中华人民共和国安全生产法。

现行《中华人民共和国安全生产法》（以下简称《安全生产法》）于2014年8月31日第十二届全国人民代表大会常务委员会第十次会议通过修正，于2014年12月1日起实施。单位消防安全是安全生产的一个重要方面。《安全生产法》与《消防法》是一般法与特别法的关系，除《消防法》有特别规定外，生产经营单位的安全生产适用《安全生产法》。该法共7章114条，分为：总则、生产经营单位的安全生产保障、从业人员的安全生产权利义务、安全生产的监督管理、生产安全事故的应急救援与调查处理、法律责任和附则。其立法宗旨是为了加强安全生产工作，防止和减少生产安全事故，保障人民群众生命和财产安全，促进经济社会持续健康发展。

4. 中华人民共和国行政处罚法。

现行《中华人民共和国行政处罚法》（以下简称《行政处罚法》）于2017年9月1日第十二届全国人民代表大会常务委员会第二十九次会议通过修正，自2018年1月1日起施行。该法共8章64条，分为：总则、行政处罚的种类和设定、行政处罚的实施机关、行政处罚的管辖和适用、行政处罚的决定、行政处罚的执行、法律责任和附则。其立法宗旨是为了规范行政处罚的设定和实施，保障和监督行政机关有效实施行政管理，维护公共利益和社会秩序，保护公民、法人或者其他组织的合法权益。

5. 中华人民共和国刑法。

现行《中华人民共和国刑法》（以下简称《刑法》）于2017年11月4日第十二届全国人大常委会第三十次会议表决通过，自2017年11月4日起施行。该法共二篇15章452条，分为：第一编总则（共5章，包括：刑法的任务、基本原则和适用范围，犯罪，刑罚，刑罚的具体运用，其他规定）；第二编分则（共10章，包括：危害国家安全罪，危害公共安全罪，破坏社会主义市场经济秩序罪，侵犯公民人身权利、民主权利罪，侵犯财产罪，妨害社会管理秩序罪，危害国防利益罪，贪污贿赂罪，渎职罪，军人违反职责罪）和附则。其立法目的是为了惩罚犯罪，以保卫国家安全，保卫人民民主专政的政权和社会主义制度，保护国有财产和劳动群众集体所有的财产，保护公民私人所有的财产，保护公民的人身权利、民主权利和其他权利，维护社会秩序、经济秩序，保障社会主义建设事业的顺利进行。

二、常用的消防行政法规和地方性消防法规

（一）消防行政法规

1. 国务院关于特大安全事故行政责任追究的规定。

该规定自 2001 年 4 月 21 日起施行，共 24 条，旨在有效地防范特大安全事故的发生，严肃追究特大安全事故的行政责任，保障人民群众生命、财产安全。颁布此规定为落实安全生产责任制提供了法律保障，是促进安全生产工作的有力举措。

2. 生产安全事故报告和调查处理条例。

该条例自 2007 年 6 月 1 日起施行，其旨在规范生产安全事故的报告和调查处理程序，落实生产安全事故责任追究制度，防止和减少生产安全事故。该条例对生产安全事故的等级、事故报告、事故调查、事故处理和法律责任等进行了明确。由于该条例所称生产安全事故包括火灾事故，因此，该条例对认定火灾事故等级、火灾事故报告、事故调查和事故处理等具有十分重要的指导意义。

（二）地方性消防法规

地方性消防法规是由有立法权的地方人民代表大会或其常务委员会在不与消防法律、消防行政法规相抵触的前提下，根据本地区社会和经济发展的具体情况以及消防工作的实际需要而制定的有关消防安全管理的法律规范性文件。目前，我国内地 31 个省、自治区、直辖市都制定和颁布了本行政区域的消防条例。地方性消防法规在法律效力上低于消防法律和消防行政法规，其适用范围仅限于本行政区域之内。

三、常用的消防行政规章

1. 机关、团体、企业、事业单位消防安全管理规定。

我国于 2001 年 11 月 14 日以公安部令第 61 号发布了《机关、团体、企业、事业单位消防安全管理规定》（以下简称公安部令第 61 号），自 2002 年 5 月 1 日起施行。该规定共 10 章 48 条，分为：总则，消防安全责任，消防安全管理，防火检查和火灾隐患整改，消防安全宣传教育和培训，灭火、应急疏散预案和演练，消防档案，奖惩等。出台该规章的目的主要是为了加强和规范社会单位自身的消防安全管理，预防火灾和减少火灾危害，推行"自我管理、责任自负"的消防社会化工作机制。

2. 社会消防安全教育培训规定。

我国于 2008 年 12 月 30 日以公安部令第 109 号发布了《社会消防安全教育培训规定》（以下简称公安部令第 109 号），自 2009 年 6 月 1 日起施行。该规章共 6 章 37 条，分为：总则，部门管理职责，消防安全教育培训，消防安全培训机构，奖惩等。出台该规章的目的主要是为了加强社会消防安全教育培训工作，提高公民消防安全素质，有效预防火灾，减少火灾危害。

四、常用的消防标准

消防标准，是指通过消防标准化活动，按照规定的程序经协商一致制定，为各种活动或其结果提供规则、指南或特性，供共同使用和重复使用的规范性文件。宾馆、饭店消防安全管理常用消防标准如表 1-1 所示。

表 1-1　宾馆、饭店消防安全管理常用消防标准

序号	消防标准名称	简介
1	《建筑设计防火规范》（GB 50016-2014）（2018 年版）	该规范共分 12 章和 3 个附录，主要内容包括：总则，术语和符号，厂房和仓库，甲、乙、丙类液体、气体储罐（区）与可燃材料堆场，民用建筑，建筑构造，灭火救援设施，消防设施的设置，供暖、通风和空气调节，电气，木结构建筑，城市交通隧道等。适用于以下新建、扩建和改建的建筑：厂房，仓库，民用建筑，甲、乙、丙类液体储罐（区），可燃、助燃气体储罐（区），可燃材料堆场，城市交通隧道的防火设计
2	《火灾自动报警系统设计规范》（GB 50116-2013）	该规范共分 12 章和 7 个附录，主要内容包括：总则，术语，基本规定，消防联动控制设计，火灾探测器的选择，系统设备的设置，住宅建筑火灾自动报警系统，可燃气体探测报警系统，电气火灾监控系统，系统供电、布线，典型场所的火灾自动报警系统等。适用于新建、扩建和改建的建、构筑物中设置的火灾自动报警系统的设计
3	《消防给水及消火栓系统技术规范》（GB 50974-2014）	该规范共分 14 章和 7 个附录，主要内容包括：总则，术语和符号，基本参数，消防水源，供水设施，给水形式，消火栓系统，管网，消防排水，水力计算，控制与操作，施工，系统调试与验收，维护管理等。适用于新建、扩建、改建的工业、民用、市政等建设工程的消防给水及消火栓系统的设计、施工、验收和维护管理
4	《自动喷水灭火系统设计规范》（GB 50084-2017）	该规范共分 12 章和 4 个附录，主要内容包括：总则，术语和符号，设置场所火灾危险等级，系统选型，设计基本参数，系统组件，喷头布置，管道，水力计算，供水，操作与控制，局部应用系统等。适用于新建、扩建、改建的民用与工业建筑中自动喷水灭火系统的设计
5	《自动喷水灭火系统施工及验收规范》（GB 50261-2017）	该规范共分 9 章和 7 个附录，主要内容包括：总则、术语、基本规定、供水设施安装与施工、管网及系统组件安装、系统试压和冲洗、系统调试、系统验收、维护管理以及相关附录。适用于工业与民用建筑中设置的自动喷水灭火系统的施工、验收及维护管理

（续表）

序号	消防标准名称	简介
6	《建筑防烟排烟系统技术标准》（GB 51251－2017）	该规范共分9章和7个附录，主要内容包括：总则，术语，防烟系统设计，排烟系统设计，系统控制，系统施工，系统调式，系统验收和维护管理等。适用于新建、扩建和改建的工业与民用建筑的防烟、排烟系统的设计、施工、验收及维护管理
7	《建筑内部装修设计防火规范》（GB 50222－2017）	该规范共分6章，主要内容包括：总则、术语、装修材料的分类和分级、特别场所、民用建筑、厂房仓库。本规范适用于工业和民用建筑的内部装修防火设计
8	《气体灭火系统设计规范》（GB 50370－2005）	该规范共分6章和8个附录，主要内容包括：总则、术语和符号、设计要求、系统组件、操作与控制、安全要求等。本规范适用于新建、改建、扩建的工业和民用建筑中设置的七氟丙烷、IG541混合气体和热气溶胶全淹没灭火系统的设计
9	《气体灭火系统施工及验收规范》（GB 50263－2007）	该规范共分8章和6个附录，主要内容包括：总则、术语、基本规定、材料及系统组件进场、安装、调试、系统工程验收、维护管理及附录等。本规范适用于新建、扩建、改建工程中设置的气体灭火系统工程施工及验收、维护管理
10	《建筑灭火器配置设计规范》（GB 50140－2005）	该规范共分7章和6个附录，主要内容包括：总则、术语和符号、灭火器配置场所的火灾种类和危险等级、灭火器的选择、灭火器的设置、灭火器的配置、灭火器配置设计计算
11	《建筑灭火器配置验收及检查规范》（GB 50444－2008）	该规范共分5章和3个附录，主要包括：总则、基本规定、安装设置、配置验收及检查与维护。适用于工业与民用建筑中灭火器的安装设置、验收、检查和维护
12	《建筑消防设施的维护管理》（GB 25201－2010）	该标准共分10章和5个附录，其规定了建筑消防设施值班、巡查、检测、维修、保养、建档等维护管理内容，对于引导和规范建筑消防设施的维护管理工作，确保建筑消防设施的完好有效具有重要意义
13	《灭火器维修》（GA 95－2015）	该标准共9章，其规定了灭火器维修的术语和定义、总要求、维修条件、维修技术要求、报废与回收处置、试验方法和检验规则。适用于手提式灭火器和推车式灭火器维修
14	《人员密集场所消防安全管理》（GA 654－2006）	该标准共10章，其规定了人员密集场所使用和管理单位的消防安全管理要求和措施。该标准适用于各类人员密集场所及其所在建筑的消防安全管理。人员密集场所可以通过采用本标准规范自身消防安全管理行为，建立消防安全自查、火灾隐患自除、消防责任自负的自我管理与约束机制，达到防止火灾发生、减少火灾危害、保障人身和财产安全的目的

（续表）

序号	消防标准名称	简介
15	《人员密集场所消防安全管理评估导则》（GA/T1369－2016）	该标准共分7章和6个附录，其规定了人员密集场所消防安全管理评估的工作程序及步骤、评估单元及评估内容、消防安全管理评估结论和消防安全评估报告的要求。该标准适用于除劳动密集型企业的生产加工车间和员工集体宿舍外的人员密集场所消防安全现状评估
16	《多产权建筑消防安全管理》（GA/T1245－2015）	该标准共5章，其规定了多产权建筑消防安全管理中产权方、使用方和统一管理单位的消防安全职责，并对多产权建筑消防安全管理提出了相应的管理措施。该标准适用于多产权建筑的消防安全管理。单一产权多使用方建筑的消防安全管理可参照本标准
17	《消防控制室通用技术要求》（GB25506－2010）	该标准共分7章和2个附录，其规定了消防控制室的一般要求、消防安全管理、控制和显示要求、信息记录要求、信息传输要求。该标准适用于《火灾自动报警系统设计规范》中规定的集中火灾报警系统、控制中心报警系统中的消防控制室或消防控制中心

五、常用的消防规范性文件

消防规范性文件，是指除消防法律、行政法规、规章和消防标准以外的由行政机关或法律法规授权的组织发布的具有普遍约束力、可以反复适用的文件。宾馆、饭店消防安全管理常用的消防规范性文件包括：

1. 消防安全责任制实施办法。

2017年10月29日国务院办公厅发布了《消防安全责任制实施办法》（国办发〔2017〕87号）（以下简称国发87号文），它是指导"十三五"期间消防事业发展的纲领性文件。该文件共6章31条，分为：总则，地方各级人民政府消防工作职责，县级以上人民政府工作部门消防安全职责，单位消防安全职责，责任落实，附则。出台该办法的目的，旨在深入贯彻《消防法》《安全生产法》和党中央、国务院关于安全生产及消防安全的重要决策部署，按照政府统一领导、部门依法监管、单位全面负责、公民积极参与的原则，坚持党政同责、一岗双责、齐抓共管、失职追责，进一步健全消防安全责任制，提高公共消防安全水平，预防火灾和减少火灾危害，保障人民群众生命财产安全。

2. 社会消防安全教育培训大纲（试行）。

2011年7月11日公安部、教育部、人力资源社会保障部联合发布了《社会消防安全教育培训大纲（试行）》（以下简称《大纲》）。《大纲》作为《社会消防安全教育培训规定》的重要配套文件，针对政府及其职能部门消防工作负责人，社区居民委员会和村民委员会消防工作负责人，社会单位消防安全责任人、管理人和专职消防安全管理人员，自动消防系统操作、消防安全监测人员，建设工程设计人员和消防设施施工、监理、检测、维保等执业人员，易燃易爆危险化学品从业人员，电工、电气焊工等特殊工种作业人员，消防志愿人员，保安员，社会单位员工，大学生、中学生、小学生、学龄前儿童，居（村）民等13类人员特点，从消防安全基本知识、消防法规基本常识、消防工作基本要求和消防基本能力训练四个方面，明确了消防安全教育培训对象、目的、主要内容、课时和基本要求。该大纲作为社会消防教育培训的依据和参考，是开展社会消防安全教育培训的基本准则。

第四节　消防安全管理的重点与内容

宾馆、饭店消防安全管理的重点与内容如下：

一、消防安全管理的重点

消防安全管理应按照"抓住重点、兼顾一般"的原则，把有限的消防安全管理资源应用于控制火灾发生或减少火灾危害的关键环节，从而提高消防安全管理效能。宾馆、饭店消防管理的重点对象是所属的火灾高危单位、消防安全重点单位及消防安全重点部位、重点工种人员。

（一）火灾高危单位

火灾高危单位，是指一旦发生火灾容易造成群死群伤火灾或者财产重大损失的单位或场所。《火灾高危单位消防安全评估导则（试行）》（公消〔2013〕60号）中明确规定，容易造成群死群伤火灾的下列单位是火灾高危单位：

1. 在本地区具有较大规模的人员密集场所。
2. 在本地区具有一定规模的生产、储存、经营易燃易爆危险品场所单位。
3. 火灾荷载较大、人员较密集的高层、地下公共建筑以及地下交通工程。
4. 采用木结构或砖木结构的全国重点文物保护单位。
5. 其他容易发生火灾且一旦发生火灾可能造成重大人身伤亡或者财产损失的单位。

各省、自治区、直辖市在此基础上，结合当地实际，出台了具体的火灾高危单位界定标准，如《山东省火灾高危单位消防安全管理规定》中将"床位数超过200个的宾馆、饭店"界定为火灾高危单位。

（二）消防安全重点单位

消防安全重点单位，是指发生火灾可能性较大以及发生火灾可能造成重大的人身伤亡或者财产重大损失的单位。为有效预防群死群伤等恶性火灾事故的发生，在消防安全管理中将消防安全重点单位列为管理的重点对象，实行严格管理、严格监督。

1. 消防安全重点单位的界定标准。

根据公安部令第61号第13条和公安部《关于实施〈机关、团体、企业、事业单位消防安全管理规定〉有关问题的通知》（公通字〔2001〕97号）的附件

《消防安全重点单位的界定标准》的规定，客房数在 50 间以上的宾馆（旅馆、饭店），属于消防安全重点单位。

2. 消防安全重点单位的备案。

属于消防安全重点单位的宾馆、饭店，应报当地消防救援机构。确定为本行政区域内消防安全重点的宾馆、饭店，由应急管理部门报本级人民政府备案。确定为消防安全重点单位的宾馆、饭店，应履行消防安全重点单位的职责，并建立与当地消防救援机构联系制度，按时参加消防救援机构组织的消防工作例会，及时报告单位消防安全管理工作情况。

（三）消防安全重点部位

消防安全重点部位，是指容易发生火灾且一旦发生火灾可能严重危及人身和财产安全，以及对消防安全有重大影响的部位。

1. 消防安全重点部位的确立。

宾馆、饭店应将下列部位确定为消防安全重点部位：

（1）宾馆客房、娱乐中心、多功能厅、厨房、员工宿舍楼、锅炉房等容易发生火灾的部位；

（2）会议室、贵重设备工作室、财会室、可燃物品仓库等一旦发生火灾可能严重危及人身和财产安全的部位；

（3）消防控制室、配电间、消防水泵房等对消防安全有重大影响的部位。

2. 消防安全重点部位的管理基本要求。

消防安全重点部位确定以后，应设置防火标志，明确消防安全管理的责任部门和责任人，根据实际需要应配备相应的灭火器材和个人防护装备，制定和完善事故应急处置操作程序，并应列入防火巡查、检查范围，作为检查的重点，实行严格管理。

（四）消防安全重点工种人员

1. 消防安全重点工种的含义及分类。

消防安全重点工种，是指从事具有较大火灾危险性和从事容易引发火灾的操作人员，以及发生火灾后可能由于自身未履行职责或操作不当造成火灾伤亡或火灾损失加大的操作人员。消防安全重点工种包括消防控制室值班人员、消防设施操作人员，以及电工、焊工等。

2. 消防安全重点工种管理。

大量火灾案例表明，避免火灾事故发生的关键是防止人的不安全行为，只有这样才能使事故得到预防和控制。因此，宾馆、饭店在消防安全管理中，应从以下几个方面加强对重点工种人员的消防安全管理。

（1）实行持证上岗制度。单位从事电焊、气焊等具有火灾危险作业的人员和自动消防系统的操作人员，必须持证上岗，并遵守消防安全操作规程。

（2）制定和落实岗位消防安全管理制度。其目的是使每名重点工种岗位的人员都有明确的职责，掌握操作规程，树立消防安全责任意识和职业风险意识。

（3）加强日常管理。制订切实可行的学习、训练和考核计划，定期组织重点工种人员进行技术培训和消防知识学习，使岗位责任制同经济责任制相结合，奖惩挂钩。

（4）建立人员档案。建立重点工种人员的个人档案，其内容既应有人事方面的，又应有安全技术方面的。通过人事概况以及事故记录等方面的记载，是对重点工种人员进行全面、历史的了解和考察的一种重要管理方法。

二、消防安全管理的内容

宾馆、饭店开展消防安全管理的内容主要包括以下几个方面：

1. 明确消防安全职责，落实消防安全责任制。

单位要落实逐级消防安全责任制，首先应确定消防安全责任人、消防安全管理人，明确逐级和岗位消防安全职责，制定各项消防安全制度和消防安全操作规程。

2. 建立消防安全组织。

为使消防工作有专门机构和人员完成，宾馆、饭店应依法建立消防工作归口管理职能部门、微型消防站、志愿消防队等消防安全机构与组织，设立专（兼）职消防人员。

3. 报告单位消防安全管理信息。

依法通过"社会单位消防安全户籍化管理系统"平台，将宾馆、饭店基本情况信息、消防安全责任人、消防安全管理人、专（兼）职消防管理员、消防控制室值班操作人员、消防安全重点部位等，向消防救援机构报告备案。同时，定期将履行消防安全职责情况，消防设施维保和设备运行等情况向消防机构救援报告。

4. 申报消防行政许可事项。

建筑总面积大于 1 万 m^2 的宾馆、饭店，在新建、改建、扩建、装修或变更用途时，应当依法向当地的住房和城乡建设主管部门申请消防设计审查，工程竣工应当依法向当地的住房和城乡建设主管部门申请建设工程消防验收；建筑总面积小于等于 1 万 m^2 的宾馆、饭店建设工程，建设单位在验收后应当报住房和城乡建设主管部门备案；宾馆、饭店在投入使用、营业前，应当依法向场所所在地的县级以上地方政府消防救援机构申请消防安全检查。

5. 维护消防设施。

依法定期对消防设施进行巡查、检测、维护和保养，确保完好有效。

6. 开展防火检查和火灾隐患整改

定期开展防火巡查与检查，及时发现消防安全违法行为和火灾隐患，做到消防安全自查，火灾隐患自除。

7. 开展消防宣传与教育培训。

依法应向旅客开展经常性的消防安全宣传，定期对员工进行岗前消防安全培训，并参加有组织的消防安全专门培训，提高单位员工消防安全四个能力和专（兼）职消防人员的消防专业素养。

8. 制定灭火和应急疏散预案并组织演练。

为贯彻"预防为主、防消结合"的消防工作方针，发生火灾快速处置初起火灾事故，保障人员紧急疏散，最大限度地减少人员伤亡和财产损失，单位应制定灭火和应急疏散预案，并依法定期进行有针对性的消防演练。

9. 协助火灾事故调查。

火灾扑灭后，发生火灾的单位和相关人员应当依法保护火灾现场，接受火灾事故调查，协助统计和核定火灾损失。

10. 建立和管理消防档案。

为推动单位消防安全管理工作朝着规范化、制度化方向发展，应依法建立健全消防档案。

第五节　消防安全组织机构与制度建设

宾馆、饭店开展消防安全管理工作，除需要设立相应的消防安全组织机构外，同时在其经营活动中为确保各项工作安全开展，需制定有关消防安全的制度及操作规程等。

一、消防安全组织机构

根据《消防法》和公安部令第 61 号等的规定，宾馆、饭店应建立以下消防安全组织，如图 1 - 2 所示。

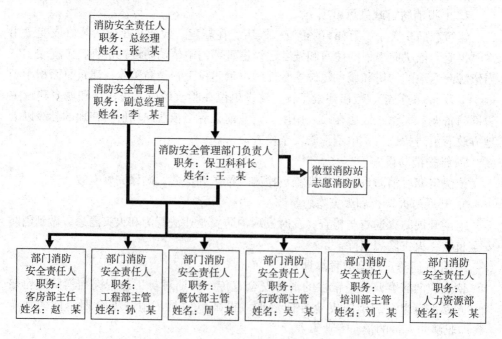

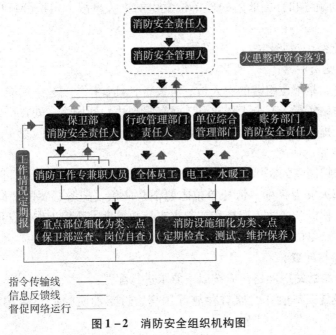

图1-2 消防安全组织机构图

（一）消防工作归口管理职能部门

1. 设立原则。

属于消防安全重点单位和火灾高危单位的宾馆、饭店，应当设置或者确定消防工作的归口管理职能部门，并确定专职或者兼职的消防管理人员；其他单位应当确定专职或者兼职消防管理人员，可以确定消防工作的归口管理职能部门。归口管理职能部门和专（兼）职消防管理人员在消防安全责任人或者消防安全管理人的领导下开展消防安全管理工作。因此，为保障单位消防安全管理工作的落实，单位应结合自身特点相工作实际需要，设置或者确定消防工作的归口管理职能部门。

2. 主要职责。

（1）结合单位实际情况，研究和制订消防工作计划并贯彻实施。定期或不定期向单位消防安全责任人或管理人汇报工作情况。

（2）负责处理单位消防安全责任人或管理人交办的日常工作，发现消防违法行为，及时提出纠正意见，如未采纳，可向单位消防安全责任人或管理人报告。

（3）推行逐级消防安全责任制和岗位消防安全责任制，贯彻执行国家消防法规和单位的各项规章制度。

（4）严格用火、用电、用气管理，执行审批动火申请制度，安排专人现场进行监督和指导。

（5）开展经常性的消防教育，普及消防常识，组织和训练专职及志愿消防队。

（6）进行防火检查，指导各部门搞好火灾隐患整改工作。

（7）负责消防设施器材的管理、检查、维修及使用。

（8）协助领导和有关部门处理单位发生的火灾事故，定期分析单位消防安全形势。

（9）建立健全消防档案。

（二）微型消防站

微型消防站是单位组建的有人员、有装备，具备扑救初起火灾能力的志愿消防队。微型消防站实行 24h 全天候执勤，具备发现快、到场快、处置快以及机动灵活的特点，对于提升单位火灾防控和应急处置能力具有十分重要的现实意义。

1. 建立原则。

设有消防控制室的宾馆、饭店消防安全重点单位，以救早、灭小和"3min 到场"扑救初起火灾为目标，依托单位志愿消防队伍，配备必要的消防器材，建立微型消防站，积极开展防火巡查和初起火灾扑救等火灾防控工作。合用消防控制室的消防安全重点单位，可联合建立微型消防站。

2. 站房器材配置。

微型消防站的站房器材，应按以下要求进行配置：

（1）应设置人员值守、器材存放等用房，可与消防控制室合用。有条件的，可单独设置。

（2）应根据扑救初起火灾需要，配备一定数量的灭火器、水枪、水带等灭火器材，配置外线电话、手持对讲机等通信器材。有条件的站点可选配消防头盔、灭火防护服、防护靴、破拆工具等器材。

（3）应在建筑物内部和避难层设置消防器材存放点，可根据需要在建筑之间分区域设置消防器材存放点。

（4）有条件的微型消防站可根据实际选配消防车辆。

3. 人员配备。

（1）微型消防站人员配备不少于 6 人。

（2）站内应设站长、副站长、消防员、控制室值班员等岗位，配有消防车辆的微型消防站应设驾驶员岗位。

（3）站长应由单位消防安全管理人兼任，消防员负责防火巡查和初起火灾扑救工作。

（4）站内人员应当接受岗前培训，培训内容包括扑救初起火灾技能、防火巡查基本知识等。

4. 岗位职责。

（1）站长负责微型消防站日常管理，组织制定各项管理制度和灭火应急预案，开展防火巡查、消防宣传教育和灭火训练，指挥初起火灾扑救和人员疏散。

（2）消防员负责扑救初起火灾，参加日常防火巡查和消防宣传教育。

（3）控制室值班员应熟悉灭火应急处置程序，熟练掌握自动消防设施操作方法，接到火情信息后启动预案。

5. 值守联动要求。

（1）微型消防站应建立值守制度，确保值守人员 24h 在岗在位，做好应急准备。

（2）接到火警信息后，控制室值班员应迅速核实火情，启动灭火处置程序。消防员应按照"3min 到场"要求及时赶赴现场处置。

（3）微型消防站应纳入当地灭火救援联勤联动体系，参与周边区域灭火处置工作。

6. 管理与训练。

微型消防站建成后，应当向辖区消防救援机构备案。为保证其有战斗力，应从以下几个方面进行管理和训练：

（1）应制定并落实岗位培训、队伍管理、防火巡查、值守联动、考核评价等管理制度。

（2）应组织开展日常业务训练，不断提高扑救初起火灾的能力。训练内容包括体能训练、灭火器材和个人防护器材的使用等。

（三）志愿消防队

志愿消防队，是指乡镇、机关、团体或企事业组织等出资建立，由本区域或者本单位人员志愿组成，志愿承担本区域或者本单位防火和灭火扑救工作的民间消防组织。

1. 建立原则及组建要求。

根据《消防法》和《关于积极促进志愿消防队伍发展的指导意见》（公通字〔2012〕61 号）的要求，宾馆、饭店应根据需要，建立志愿消防队。志愿消防队员数量不应少于本场所从业人员数量的 30%，并结合本单位实际配备相应的消防装备和器材，定期开展训练。志愿消防队由单位消防工作归口管理职能部门直接领导和管理，其负责人担任志愿消防队队长。

2. 主要职责。

志愿消防队主要职责是扑救初起火灾，开展消防宣传教育和防火巡查。

3. 日常管理。

（1）日常运转。将志愿消防队人员分别编为通讯联络、灭火行动、疏散引导、安全救护、现场警戒 5 个组，并合理确定岗位工作班次。

（2）培训与演练。至少每半年对志愿消防队员进行一次培训，培训内容包括防火巡查及初起火灾处置方法；按照单位消防预案，每半年开展一次消防预案演练，使其明确各自在火灾处置中的职责。

二、消防安全制度建设

消防安全制度，是指社会单位在生产经营活动中为保障消防安全所制定的各项管理制度、操作规程、办法、措施和行为准则等。宾馆、饭店应结合本单位实际，建立健全各项消防安全制度，并由消防安全责任人批准后公布实施。

（一）消防安全制度的种类及内容要点

1. 消防安全责任制度及内容要点。

消防安全责任制度包括以下两大类：

（1）单位消防安全责任制度。内容要点：单位普遍履行的消防安全一般职责；消防安全重点单位的职责；承包、租赁或委托经营时单位的消防安全职责；多产权建筑物中各单位的消防安全职责；举办大型活动时单位的消防安全职责。

（2）单位逐级及各类人员岗位消防安全责任制度。内容要点：单位消防安全责任人职责，单位消防安全管理人职责，消防安全归口管理部门负责人的消防安全职责，专（兼）职消防管理人员职责，消防设施操作人员职责，专职消防队员职责，志愿消防队员职责；微型消防站人员职责以及员工职责等。

2. 消防安全管理制度及内容要点。

消防安全管理制度是单位在消防安全管理和生产经营活动中，为保障消防安全所制定的具体制度、程序、办法和措施，它是对消防安全责任制的细化，是国家消防法律、法规在单位内的延伸和具体化。该类制度又包括以下若干项制度：

（1）消防安全例会制度。内容要点：会议召集，人员组成，会议频次，议题范围，决定事项，考核办法，会议记录等。

（2）消防组织管理制度。内容要点：组织机构及人员，工作职责，例会、教育培训，活动要求等。

（3）消防安全教育、培训制度。内容要点：消防安全教育与培训的责任部门、责任人及职责，教育与培训频次、培训对象（包括特殊工种及新员工）、培训形式、培训要求、培训内容、培训组织程序、考核办法、情况记录等。

（4）消防（控制室）值班制度。内容要点：消防控制室值班责任部门、责任人以及操作人员的职责，值班操作人员岗位资格、值班制度及值班人数，消防控制设备操作规程，突发事件处置程序、报告程序、工作交接、情况记录等。

（5）防火巡查、检查制度。内容要点：防火巡查与检查的责任部门、责任人及职责，检查时间、频次和参加人员，检查部位、内容和方法，违法行为和火灾隐患处理、报告程序、整改责任和防范措施、防火检查情况记录管理等。

（6）火灾隐患整改制度。内容要点：火灾隐患整改的责任部门及责任人，火灾隐患认定、处理和报告程序，火灾隐患整改期间安全防范措施、火灾整改的期限和程序、整改合格的标准，所需经费保障等。

（7）安全疏散设施管理制度。内容要点：安全疏散设施管理责任部门、责任人及职责，安全疏散部位、设施检测和管理要求、情况记录等。

（8）消防设施、器材维护管理制度。内容要点：消防设施与器材的维护管理责任部门、责任人及职责，消防设施与器材的登记、维护保养及维修检查要求、管理方法，每日检查、月（季）度试验检查和年度检查内容和方法，建筑消防设施定期维护保养报告备案、检查记录管理等。

（9）用火、用电安全管理制度。内容要点：安全用火、用电管理责任部门、责任人和职责，定期检查制度，临时用火、用电审批范围、程序和要求，操作人员岗位资格及其职责要求，违规惩处措施、情况记录等。

（10）燃气和电气设备的检查与管理（包括防雷、防静电）制度。内容要点：燃气和电气设备的检查与管理责任部门和责任人，电气设备检查、燃气设备检查的内容和方法、频次，检查工具，检查中发现的隐患、落实整改措施，检查情况记录等。

（11）志愿消防队和微型消防站的组织管理制度。内容要点：志愿消防队和微型消防站的责任部门、责任人及职责，志愿消防队和微型消防站的人员组成及其职责，志愿消防队和微型消防站的人员调整、归口管理，器材配置与维护管理，有关人员培训内容、频次、实施方法和要求，组织训练、演练考核方法、奖惩措施等。

（12）灭火和应急疏散预案演练制度。内容要点：单位灭火和应急疏散预案编制与演练的责任部门和责任人，预案制定、修改、审批程序，组织分工，演练范围、演练频次、演练程序、注意事项、演练情况记录、演练后的总结与评估等。

（13）消防安全工作考评和奖惩制度。内容要点：消防安全工作考评和奖惩实施的责任部门和责任人，考评目标、频次、考评内容、考评方法、奖惩措施等。

（14）其他必要的消防安全制度。单位还应根据宾馆、饭店自身实际情况，制定相关必要的消防安全制度。

3. 消防安全操作规程及内容要点。

消防安全操作规程是单位特定岗位和工种人员必须遵守的、符合消防安全要求的各种操作方法和操作程序的总称。宾馆、饭店应制定下列保障消防安全的操作规程：

（1）消防设施操作规程。内容要点：岗位人员应具备的资格，消防设施的操作方法和程序、检修要求，容易发生的问题及处置方法，操作注意事项等。

（2）变配电设备操作规程。内容要点：岗位人员应具备的资格，设备的操作方法和程序、检修要求，总配电间、分配电间、消防（备用）电源容易发生的问题及处置方法，操作注意事项等。

（3）电气线路、设备安装操作规程。内容要点：岗位人员应具备的资格，电气线路、设备安装操作方法和程序、检修要求，容易发生的问题及处置方法，注意事项等。

（4）燃油燃气设备、器具使用操作规程。内容要点：岗位人员应具备的资格，设施、设备的操作方法和程序、检修要求，容易发生的问题及处置方法，操作注意事项等主要内容。

（5）电焊、气焊操作规程。内容要点：岗位人员应具备的资格，设施、设备的操作方法和程序、检修要求，容易发生的问题及处置方法，操作注意事项等主要内容。

（6）压力容器等特殊设备安装操作规程。内容要点：岗位人员应具备的资格、设备安装操作方法和程序、检修要求，容易发生的问题及处置方法，操作注意事项等。

（二）消防安全制度的制定要求

制定时应注意以下问题：一是要立足单位实际，符合客观需要；二是要便于操作，具有针对性；三是要依法依规，规范建制；四是量化标准，便于奖惩考核。

练习题

1. 简述我国消防工作的原则。
2. 简述《消防法》的立法宗旨。
3. 宾馆、饭店开展消防安全管理必要性主要体现在哪些方面？
4. 宾馆、饭店消防安全管理常用的消防法律、法规主要有哪些？
5. 火灾高危单位如何界定？
6. 何谓消防安全重点单位？宾馆、饭店消防安全重点单位如何界定？
7. 宾馆、饭店的消防安全重点部位如何确定？管理的基本要求是什么？
8. 简述宾馆、饭店开展消防安全管理包括的主要内容。
9. 简述微型消防站的建立原则。
10. 宾馆、饭店应制定哪些消防安全管理制度？
11. 宾馆、饭店应制定哪些消防安全操作规程？
12. 结合实际谈谈宾馆、饭店如何贯彻消防工作方针。

第二章　宾馆、饭店消防安全职责及违法责任追究

宾馆、饭店等社会单位是自身消防安全的责任主体，只有其切实履行消防安全职责，实行消防安全责任制，做到"谁主管，谁负责、谁在岗、谁负责"，"一岗双责、失职追责"，消防工作才会有坚实的社会基础，火灾危害才能够得到有效的控制。

第一节　消防安全职责

宾馆、饭店及其单位消防安全责任人、消防安全管理人等，应按照《消防法》和公安部令第 61 号以及国发 87 号文的有关规定，履行相应的消防安全职责，落实单位的消防安全主体责任。

一、单位的消防安全管理职责

（一）一般单位的消防安全管理职责

宾馆、饭店为一般单位时，应当履行下列消防安全管理职责：

1. 明确各级、各岗位消防安全责任人及其职责，制定本单位的消防安全制度、消防安全操作规程、灭火和应急疏散预案。定期组织开展灭火和应急疏散演练，进行消防工作检查考核，保证各项规章制度落实。

2. 保证防火检查巡查、消防设施器材维护保养、建筑消防设施检测、火灾隐患整改、志愿消防队和微型消防站建设等消防工作所需资金的投入。单位安全费用应当保证适当比例用于消防工作。

3. 按照相关标准配备消防设施、器材，设置消防安全标志，定期检验维修，对建筑消防设施每年至少进行一次全面检测，确保完好有效。设有消防控制室的，实行 24h 值班制度，每班不少于 2 人，并持证上岗。

4. 保障疏散通道、安全出口、消防车通道畅通，保证防火防烟分区、防火间距符合消防技术标准。人员密集场所的门窗不得设置影响逃生和灭火救援的障碍物。保证建筑构件、建筑材料和室内装修装饰材料等符合消防技术标准。

5. 定期开展防火检查、巡查，及时消除火灾隐患。

6. 根据需要建立志愿消防队、微型消防站，加强队伍建设，定期组织训练演

练，加强消防装备配备和灭火药剂储备，建立与国家综合性消防救援队联勤联动机制，提高扑救初起火灾能力。

7. 消防法律、法规、规章以及政策文件规定的其他职责。

（二）消防安全重点单位的消防安全职责

宾馆、饭店属于消防安全重点单位时，除应当履行一般单位的基本消防安全管理职责外，还应当履行下列消防安全管理职责：

1. 明确承担消防安全管理工作的机构和消防安全管理人并报知当地消防救援机构，组织实施本单位消防安全管理。消防安全管理人应当经过消防培训。

2. 建立消防档案，确定消防安全重点部位，设置防火标志，实行严格管理。

3. 安装、使用电器产品、燃气用具和敷设电气线路、管线必须符合相关标准和用电、用气安全管理规定，并定期维护保养、检测。

4. 组织员工进行岗前消防安全培训，定期组织消防安全培训和疏散演练。

5. 根据需要建立微型消防站，积极参与消防安全区域联防联控，提高自防自救能力。

6. 积极应用消防远程监控、电气火灾监测、物联网技术等技防物防措施。

（三）火灾高危单位的消防安全职责

宾馆、饭店属于火灾高危单位时，除应当履行一般单位消防安全职责和消防安全重点单位的消防安全职责外，还应当履行下列职责：

1. 定期召开消防安全工作例会，研究本单位消防工作，处理涉及消防经费投入、消防设施设备购置、火灾隐患整改等重大问题。

2. 鼓励消防安全管理人取得注册消防工程师执业资格，消防安全责任人和特有工种人员须经消防安全培训；自动消防设施操作人员应取得消防设施操作员职业资格证书。

3. 微型消防站应当根据本单位火灾危险特性配备相应的消防装备器材，储备足够的灭火救援药剂和物资，定期组织消防业务学习和灭火技能训练。

4. 按照国家标准配备应急逃生设施设备和疏散引导器材。

5. 建立消防安全评估制度，由具有资质的机构定期开展评估，评估结果向社会公开。

6. 参加火灾公众责任保险。

（四）特定单位的消防安全职责

宾馆、饭店存在多产权单位、使用单位或委托经营、管理单位情形时，由于其自身特点，其应履行的消防安全职责有所不同。

1. 多产权建筑物中单位的消防安全职责。

同一建筑物由两个以上单位管理或者使用的，应当明确各方的消防安全责任，并确定责任人对共用的疏散通道、安全出口、建筑消防设施和消防车通道进行统一管理。

2. 承包、租赁或委托经营、管理时单位的消防安全职责。

实行承包、租赁或者委托经营、管理时，产权单位应当提供符合消防安全要求的建筑物，当事人在订立的合同中依照有关规定应明确各方的消防安全责任；消防车通道、涉及公共消防安全的疏散设施和其他建筑消防设施应当由产权单位或者委托管理的单位统一管理。

3. 物业服务企业的消防安全职责。

物业服务企业应当按照合同约定提供消防安全防范服务，对管理区域内的共用消防设施和疏散通道、安全出口、消防车通道进行维护管理，及时劝阻和制止占用、堵塞、封闭疏散通道、安全出口、消防车通道等行为，劝阻和制止无效的，立即向公安机关等主管部门报告。定期开展防火检查巡查和消防宣传教育。

（五）协助火灾事故调查的职责

根据《消防法》第51条第2款的规定，火灾扑灭后，发生火灾的单位和相关人员应当按照消防救援机构的要求保护现场，接受事故调查，如实提供与火灾有关的情况。

1. 保护火灾现场。

保护火灾现场是做好火灾调查工作的前提，如果火灾现场一旦遭到破坏，将直接影响起火原因的调查取证，甚至导致无法查明起火原因。因此，起火单位应当组织单位员工配合消防救援机构对火灾现场进行警戒，阻止无关人员进入，不得擅自移动火场中的任何物品。未经消防救援机构同意，任何人不得擅自清理火灾现场。

2 接受事故调查。

为了协助火灾事故调查组查明起火原因，分析事故责任，为确定火灾责任人员提供线索和证据，单位应当组织安排调查访问对象，及时通知火灾事故目击者、知情人、有关工作人员参加调查访问，如实反映火灾事故真相，接受事故调查。

3. 提供有关文件资料。

在火灾事故调查过程中，火灾事故调查组可能需要通过查阅单位有关值班记录、消防安全管理等文件资料，从不同角度了解与火灾事故有关的问题，因此，单位应如实提供相关文件资料，不得隐匿、涂改和销毁原始资料。

4. 协助统计和核定火灾损失。

起火单位应当按照消防救援机构的要求，组织有关人员协助统计和核定火灾中人员伤亡及财产损失情况，并如实提供相关原始凭据和会计资料。

二、消防安全责任人和管理人的消防安全职责

（一）消防安全责任人的消防安全职责

根据《消防法》第16条的规定，单位的主要负责人是本单位的消防安全责任人。由于单位分为法人单位和非法人单位，所以法人单位的法定代表人或者非法人单位的主要负责人是单位的消防安全责任人。宾馆、饭店的消防安全责任人应由该

场所的法定代表人或者主要负责人担任。承包、租赁宾馆、饭店的承租人是其承包、租赁范围的消防安全责任人。

宾馆、饭店的消防安全责任人对本单位的消防安全工作负责，且应当履行下列消防安全职责：

1. 贯彻执行消防法规，保障单位消防安全符合规定，掌握本单位的消防安全情况。

2. 将消防工作与本单位的经营、管理等活动统筹安排，批准实施年度消防工作计划。

3. 为本单位的消防安全提供必要的经费和组织保障。

4. 确定逐级消防安全责任，批准实施消防安全制度和保障消防安全的操作规程。

5. 组织防火检查，督促落实火灾隐患整改，及时处理涉及消防安全的重大问题。

6. 根据消防法规的规定建立志愿消防队和微型消防站。

7. 组织制定符合本单位实际的灭火和应急疏散预案，并实施演练。

（二）消防安全管理人的消防安全职责

宾馆、饭店应当根据需要确定本单位的消防安全管理人，组织实施本单位的消防安全管理工作。消防安全管理人一般是单位中有一定领导职务和权限的人员，可以由单位的某位副职担任，也可以单独设置或者聘任，受消防安全责任人委托，具体负责管理单位的消防安全工作。消防安全重点单位一般规模较大，而多数单位的主要负责人不可能事必躬亲，为了消防安全工作切实有人抓，单位应当确定消防安全管理人来具体实施和组织落实本单位的消防安全工作，作为对消防安全责任人制度的必要补充。未确定消防安全管理人的单位，由单位消防安全责任人负责实施消防安全管理。

消防安全管理人对单位的消防安全责任人负责，实施和组织落实下列消防安全管理工作：

1. 拟订年度消防工作计划，组织实施日常消防安全管理工作。

2. 组织制定消防安全管理制度和保障消防安全的操作规程，并检查督促其落实。

3. 拟订消防安全工作的资金投入和组织保障方案。

4. 组织实施防火检查和火灾隐患整改工作。

5. 组织实施对本单位消防设施、灭火器材和消防安全标志的维护保养，确保其完好有效，确保疏散通道和安全出口畅通。

6. 组织管理志愿消防队和微型消防站。

7. 在员工中组织开展消防知识、技能的宣传教育和培训，组织灭火和应急疏散预案的实施和演练。

8. 落实消防安全责任人委托的其他消防安全管理工作。

消防安全管理人应当定期向消防安全责任人报告消防安全情况，及时报告涉及消防安全的重大问题。

（三）专（兼）职消防安全管理人员的消防安全职责

属于消防安全重点单位的宾馆、饭店应设置或者确定消防工作的归口管理职能部门，并确定专（兼）职消防安全管理人员。专（兼）职消防安全管理人员应履行下列职责：

1. 掌握本场所消防安全状况和消防工作情况，并及时向上级报告。
2. 提请确定消防安全重点部位，提出落实消防安全管理措施和建议。
3. 实施日常防火检查、巡查，及时发现火灾隐患，落实火灾隐患整改措施。
4. 管理、维护消防设施、灭火器材和消防安全标志。
5. 组织开展消防宣传，对员工进行教育培训。
6. 编制灭火和应急疏散预案，组织演练。
7. 记录消防工作开展情况，完善消防档案。
8. 完成其他消防安全管理工作。

（四）部门消防安全责任人的消防安全职责

场所内各部门负责人是所在部门的消防安全责任人，应履行下列消防安全职责：

1. 掌握本责任区消防安全情况，贯彻执行宾馆、饭店消防安全管理制度和保障消防安全的操作规程，全面落实本责任区消防安全责任。
2. 开展员工消防安全宣传教育活动，督导员工认真执行安全操作规程，遵守安全用电、用火、用气规定。
3. 加强用电、用火、用气设备、设施及压力容器、易燃易爆危险物品的安全管理，确保特殊工种岗位人员持证上岗操作。
4. 落实每日防火巡查工作，确保本责任区疏散通道、安全出口畅通，灭火器材、消防设施及疏散指示标志完好有效。
5. 定期开展消防安全自查，发现火灾隐患及时组织整改，重大情况应立即向上级主管部门及保卫部门报告。
6. 发生火灾时，组织员工按预案疏散人员，扑救火灾。
7. 完成宾馆、饭店确定的其他消防安全工作，接受单位专（兼）职消防安全管理人员的检查和监督。

三、各工种人员的消防安全职责

（一）消防控制室值班员的职责

1. 熟悉和掌握消防控制室设备的功能及操作规程，按照规定测试自动消防设施的功能，保障消防控制室设备的正常运行。

2. 对火警信号应立即确认，火灾确认后应立即报火警并向消防主管人员报告，随即启动灭火和应急疏散预案。

3. 对故障报警信号应及时确认，消防设施故障应及时排除，不能排除的应立即向部门主管人员或消防安全管理人报告。

4. 不间断值守岗位，做好消防控制室的火警、故障和值班记录。

（二）消防设施操作人员的职责

1. 熟悉和掌握消防设施的功能及操作规程。

2. 对消防设施进行检查、检测、维修和保养，保证消防设施和消防电源处于完好有效状态。

3. 发现故障应及时排除，不能排除的应及时向上级主管人员报告。

4. 做好运行、操作和故障记录。

（三）保安人员的消防安全职责

1. 按照本单位的管理规定进行防火巡查，并做好记录，发现问题应及时报告。

2. 发现火灾应及时报火警并报告主管人员，协助灭火救援和人员疏散。

3. 劝阻和制止违反消防法规和消防安全管理制度的行为。

4. 接到控制室指令后，对有关报警信号及时确认。

（四）电工、焊工操作人员的消防安全职责

1. 执行有关消防安全制度和操作规程，履行审批手续。

2. 落实相应作业现场的消防安全措施，保障消防安全。

3. 发生火灾后应立即报火警，实施扑救。

（五）仓库保管员的消防安全职责

1. 必须坚守岗位，严格遵守仓库的入库、保管、出库、交接班等各项制度。

2. 禁止在库房内吸烟和使用明火，防止将火种和易燃易爆物品带入库内。

3. 应熟悉和掌握所存物品的性质，并根据要求进行储存和操作。

（六）其他员工消防安全职责

1. 宾馆、饭店其他员工应严格执行消防安全制度和操作规程。

2. 参加消防安全培训及灭火和应急疏散预案演练，熟知本岗位火灾危险性和消防安全常识。

3. 发生火灾时现场工作人员立即组织、引导在场人员疏散，并扑救初起火灾。

第二节　消防违法行为与消防法律责任

一、消防法律责任

消防法律责任，是指消防安全责任主体依法应当履行的消防安全职责义务，以及因违反法定消防安全职责义务而应承担的违法责任后果。根据消防违法行为所违反的法律性质，消防法律责任分为消防行政责任、消防民事责任和消防刑事责任。

（一）消防行政责任

消防行政责任，是指违法行为人违反有关消防法律、法规的规定，但尚未构成犯罪的行为依法应当承担的法律责任。消防行政责任分为以下两大类：

1. 消防行政处罚。消防行政处罚，是指消防行政执法主体为维护公共消防安全，依法对违反消防法律、法规而尚未构成犯罪的违法行为人实施的一种法律制裁措施。根据《消防法》的规定，消防行政处罚主要有六种：警告，罚款，没收违法所得，责令停产停业和责令停止使用、停止施工，责令停止执业或吊销资质、资格，以及行政拘留。

2. 消防行政处分。消防行政处分，是指对国家工作人员以及在机关、单位任职的人员的消防行政违法行为，由所在单位或者其上级主管机关给予的一种制裁性措施。行政处分不同于行政处罚，行政处分属于内部行政责任。《消防法》规定的行政处分主要有处分和警告两种。

（二）消防民事责任

违法行为人违反消防安全管理规定或者发生重特大火灾的，涉及民事损失、损害的，应当依法承担相应的民事责任。依据民法通则，承担民事责任的方式主要有：赔偿损失、排除妨碍、恢复原状、消除影响等。

（三）消防刑事责任

消防刑事责任，是指违法行为人违反消防法律的有关规定发生重大伤亡事故或者造成其他严重后果构成犯罪的，由司法机关依照《刑法》和刑事诉讼程序给予刑罚的一种法律责任。

刑罚，是指《刑法》规定的由国家审判机关依法对犯罪人适用的以限制或剥夺其一定权益为内容的强制性制裁方法。刑罚分为主刑和附加刑两种。主刑是对犯罪嫌疑人适用的主要刑罚，主刑的种类有：管制、拘役、有期徒刑、无期徒刑和死刑。附加刑是补充主刑适用的刑罚，其既可以附加主刑适用，也可以独立使用（没收财产除外）。附加刑包括：罚金、剥夺政治权利、没收财产和驱逐出境。

二、消防违法行为及其行政处罚

依据《消防法》《治安管理处罚法》的相关规定，单位和个人存在以下消防违法行为，分别给予相应种类的消防行政处罚。

（一）建设工程责任主体消防违法行为及其处罚

1. 有下列行为之一的，由住房和城乡建设主管部门、消防救援机构按照各自职权责令停止施工、停止使用或者停产停业，并处3万元以上30万元以下罚款：

（1）依法应当进行消防设计审查的建设工程，未经依法审查擅自施工或者审查不合格，擅自施工的。

（2）依法应当进行消防验收的建设工程，未经消防验收擅自投入使用或者消防验收不合格，擅自投入使用的。

（3）除特殊建设工程以外的其他建设工程验收后依法抽查不合格，不停止使用的。

（4）公众聚集场所未经消防安全检查或者经检查不符合消防安全要求，擅自投入使用、营业的。

2. 有下列行为的，由住房和城乡建设主管部门责令改正，处 5000 元以下罚款：

建设单位对除特殊建设工程以外的其他建设工程在验收后未依法报住房和城乡建设主管部门备案的。

3. 有下列行为之一的，由住房和城乡建设主管部门责令改正或者停止施工，并处 1 万元以上 10 万元以下罚款：

（1）建设单位要求建筑设计单位或者建筑施工企业降低消防技术标准设计、施工的。

（2）建筑设计单位不按照消防技术标准强制性要求进行消防设计的。

（3）建筑施工企业不按照消防设计文件和消防技术标准施工，降低消防施工质量的。

（4）工程监理单位与建设单位或者建筑施工企业串通，弄虚作假，降低消防施工质量的。

（二）单位不履行相关消防安全职责的违法行为及其处罚

1. 单位有下列行为之一的，由消防救援机构责令改正，处 5000 元以上 5 万元以下罚款：

（1）消防设施、器材或者消防安全标志的配置、设置不符合国家标准、行业标准，或者未保持完好有效的。

（2）损坏、挪用或者擅自拆除、停用消防设施、器材的。

（3）占用、堵塞、封闭疏散通道、安全出口或者有其他妨碍安全疏散行为的。

（4）埋压、圈占、遮挡消火栓或者占用防火间距的。

（5）占用、堵塞、封闭消防车通道，妨碍消防车通行的。

（6）人员密集场所在门窗上设置影响逃生和灭火救援的障碍物的。

（7）对火灾隐患经消防救援机构通知后不及时采取措施消除的。

2. 机关、团体、企业、事业等单位违反《消防法》第 16 条、第 17 条、第 18 条、第 21 条第 2 款规定的，责令限期改正；逾期不改正的，对其直接负责的主管人员和其他直接责任人员依法给予处分或者给予警告处罚。

（三）易燃易爆危险场所相关违法行为及其处罚

有下列行为之一的，由消防救援机构责令停产停业，并处 5000 元以上 5 万元以下罚款：

1. 生产、储存、经营易燃易爆危险品的场所与居住场所设置在同一建筑物内的。

2. 生产、储存、经营易燃易爆危险品的场所未与居住场所保持安全距离的。

3. 生产、储存、经营其他物品的场所与居住场所设置在同一建筑物内,不符合消防技术标准的。

（四）电器产品、燃气用具相关消防违法行为及其处罚

有下列行为之一的,由消防救援机构责令停止使用,可以并处 1000 元以上 5000 元以下罚款。

1. 电器产品的安装、使用及其线路、管路的设计、敷设、维护保养、检测不符合消防技术标准和管理规定,责令限期改正,逾期不改正的。

2. 燃气用具的安装、使用及其线路、管路的设计、敷设、维护保养、检测不符合消防技术标准和管理规定,责令限期改正,逾期不改正的。

（五）生产、使用消防产品相关消防违法行为及其处罚

1. 有下列行为之一的,由消防救援机构处 5000 元以上 5 万元以下罚款,并对其直接负责的主管人员和其他直接责任人员处 500 元以上 2000 元以下罚款;情节严重的,责令停产停业。

（1）人员密集场所使用不合格的消防产品,责令限期改正,逾期不改正的。

（2）人员密集场所使用国家明令淘汰的消防产品,责令限期改正,逾期不改正的。

2. 生产、销售不合格的消防产品或者国家明令淘汰的消防产品的,由产品质量监督部门或者工商行政管理部门依照《中华人民共和国产品质量法》的规定从重处罚。

3. 消防救援机构应当将发现不合格的消防产品和国家明令淘汰的消防产品的情况通报产品质量监督部门、工商行政管理部门。产品质量监督部门、工商行政管理部门应当对生产者、销售者依法及时予以查处。

（六）消防技术服务机构消防违法行为及其处罚

1. 有下列行为之一的,由消防救援机构责令改正,处 5 万元以上 10 万元以下罚款,并对直接负责的主管人员和其他直接责任人员处 1 万元以上 5 万元以下罚款;有违法所得的,并处没收违法所得;给他人造成损失的,依法承担赔偿责任;情节严重的,由原许可机关依法责令停止执业或者吊销相应资质、资格。

（1）消防产品质量认证等消防技术服务机构出具虚假文件的。

（2）消防设施检测等消防技术服务机构出具虚假文件的。

2. 消防产品质量认证、消防设施检测等消防技术服务机构出具失实文件,给他人造成损失的,依法承担赔偿责任;造成重大损失的,由原许可机关依法责令停止执业或者吊销相应资质、资格。

（七）行为人消防违法行为及其处罚

以下的行政处罚,除应当由公安机关依照《治安管理处罚法》的有关规定决

定外，由消防救援机构、住房和城乡建设主管部门按照各自职权决定。

1. 有下列行为之一的，对违法行为人处警告或者 500 元以下罚款。

（1）损坏、挪用或者擅自拆除、停用消防设施、器材的。

（2）占用、堵塞、封闭疏散通道、安全出口或者有其他妨碍安全疏散行为的。

（3）埋压、圈占、遮挡消火栓或者占用防火间距的。

（4）占用、堵塞、封闭消防车通道，妨碍消防车通行的。

2. 有下列行为之一的，依照《治安管理处罚法》的规定，对违法行为人处 10 日以上 15 日以下拘留；情节较轻的，处 5 日以上 10 日以下拘留：

（1）违反有关消防技术标准和管理规定生产、储存、运输、销售、使用、销毁易燃易爆危险品的。

（2）非法携带易燃易爆危险品进入公共场所或者乘坐公共交通工具的。

（3）谎报火警的。

（4）阻碍消防车、消防艇执行任务的。

（5）阻碍公安机关消防机构的工作人员依法执行职务的。

3. 有下列行为之一的，对违法行为人处警告或者 500 元以下罚款；情节严重的，处 5 日以下拘留：

（1）违反消防安全规定进入生产、储存易燃易爆危险品场所的。

（2）违反规定使用明火作业的。

（3）在具有火灾、爆炸危险的场所吸烟、使用明火的。

4. 有下列行为之一，尚不构成犯罪的，对违法行为人处 10 日以上 15 日以下拘留，可以并处 500 元以下罚款；情节较轻的，处警告或者 500 元以下罚款。

（1）指使或者强令他人违反消防安全规定，冒险作业的。

（2）过失引起火灾的。

（3）在火灾发生后阻拦报警，或者负有报告职责的人员不及时报警的。

（4）扰乱火灾现场秩序，或者拒不执行火灾现场指挥员指挥，影响灭火救援的。

（5）故意破坏或者伪造火灾现场的。

（6）擅自拆封或者使用被公安机关消防机构查封的场所、部位的。

5. 人员密集场所发生火灾，该场所的现场工作人员不履行组织、引导在场人员疏散的义务，情节严重，尚不构成犯罪的，处 5 日以上 10 日以下拘留。

行为人在建设工程消防设计、施工、验收、监理，消防产品质量认证、消防设施检测，生产、销售不合格的消防产品或者国家明令淘汰的消防产品，以及单位消防安全职责履行等方面的违法行为的行政处罚，参见以上相关规定。

三、消防违法行为及其刑罚

违法行为人存在违反《消防法》和《治安管理处罚法》规定的消防违法行为，

直接危害公共安全或致使公私财产、国家和人民利益遭受重大损失，社会危害性很大，构成犯罪的，依据《刑法》的规定，应依法追究其刑事责任。

（一）放火罪及其刑罚

放火罪，是指故意放火焚烧公私财物，危害公共安全的行为。

1. 立案标准。故意放火，涉嫌下列情形之一的，应予以立案追诉：

（1）导致死亡 1 人以上，或者重伤 3 人以上的；

（2）导致公共财产或者他人财产直接经济损失 50 万元以上的；

（3）造成 10 户以上家庭的房屋以及其他基本生活资料烧毁的；

（4）造成森林火灾，过火有林地面积 2 公顷以上或者过火疏林地、灌木林地、未成林地、苗圃地面积 4 公顷以上的；

（5）其他造成严重后果的情形。

2. 刑罚。根据《刑法》第 114 条和第 115 条第 1 款的规定，犯放火罪，尚未造成严重后果的，处 3 年以上 10 年以下有期徒刑；致人重伤、死亡或使公私财产遭受重大损失的，处 10 年以上有期徒刑、无期徒刑或死刑。

（二）失火罪及其刑罚

失火罪，是指由于行为人的过失引起火灾，造成严重后果，危害公共安全的行为。这是一种以过失酿成火灾的危险方法危害公共安全的犯罪。

1. 立案标准。过失引起火灾，涉嫌下列情形之一的，应予以立案追诉：

（1）导致死亡 1 人以上，或者重伤 3 人以上的；

（2）造成公共财产或者他人财产直接经济损失 50 万元以上的；

（3）造成 10 户以上家庭的房屋以及其他基本生活资料烧毁的；

（4）造成森林火灾，过火有林地面积 2 公顷以上或者过火疏林地、灌木林地、未成林地、苗圃地面积 4 公顷以上的；

（5）其他造成严重后果的情形。

2. 刑罚。根据《刑法》第 115 条第 2 款的规定，犯失火罪的，处 3 年以上 7 年以下有期徒刑；情节较轻的，处 3 年以下有期徒刑或者拘役。

（三）消防责任事故罪及其刑罚

消防责任事故罪，是指违反消防管理法规，经消防监督机构通知采取改正措施而拒绝执行，造成严重后果，危害公共安全的行为。

1. 立案标准。违反消防管理法规，经消防监督机构通知采取改正措施而拒绝执行，涉嫌下列情形之一的，应予立案追诉：

（1）造成死亡 1 人以上，或者重伤 3 人以上的；

（2）造成直接经济损失 50 万元以上的；

（3）造成森林火灾，过火有林地面积 2 公顷以上，或者过火疏林地、灌木林地、未成林地、苗圃地面积 4 公顷以上的；

（4）其他造成严重后果的情形。

2. 刑罚。根据《刑法》第 139 条的规定，犯消防责任事故罪，对直接责任人员，处 3 年以下有期徒刑或者拘役；后果特别严重的，处 3 年以上 7 年以下有期徒刑。

（四）不报、谎报安全事故罪及其刑罚

不报、谎报安全事故罪，是指在安全事故发生后，负有报告职责的人员不报或者谎报事故情况，贻误事故抢救，情节严重，危害公共安全的行为。

1. 立案标准。在安全事故发生后，负有报告职责人员不报或者谎报事故情况，贻误事故抢救的，涉嫌下列情形之一，应予立案追诉：

（1）造成死亡 1 人以上，或者重伤 3 人以上的；

（2）造成直接经济损失 50 万元以上的；

（3）造成森林火灾，过火有林地面积 2 公顷以上，或者过火疏林地、灌木林地、未成林地、苗圃地面积 4 公顷以上的；

（4）其他造成严重后果的情形。

2. 刑罚。根据《刑法》第 139 条的规定，在安全事故发生后，负有报告职责的人员不报或者谎报事故情况，贻误事故抢救，情节严重的，处 3 年以下有期徒刑或者拘役；情节特别严重的，处 3 年以上 7 年以下有期徒刑。

（五）重大责任事故罪处及其刑罚

重大责任事故罪，是指在生产、作业中违反有关安全管理的规定，因而发生重大伤亡事故或者造成其他严重后果的行为。

1. 立案标准。在生产、作业中违反有关安全管理的规定，涉嫌下列情形之一的，应予以立案追诉：

（1）造成死亡 1 人以上，或者重伤 3 人以上的；

（2）造成直接经济损失 50 万元以上的；

（3）发生矿山生产安全事故，造成直接经济损失 100 万元以上的；

（4）其他造成严重后果的情形。

2. 刑罚。根据《刑法》第 134 条第 1 款的规定，在生产、作业中违反有关安全管理的规定，因而发生重大伤亡事故或者造成其他严重后果的，处 3 年以下有期徒刑或者拘役；情节特别恶劣的，处 3 年以上 7 年以下有期徒刑。

第三节　典型火灾事故责任追究案例

一、广东省汕头市潮南区华南宾馆"6·10"火灾事故责任追究案例

（一）火灾事故简介

2005 年 6 月 10 日 11 时 40 分左右，广东省汕头市潮南区峡山街道华南宾馆突发大火，如图 2-1 所示。火灾导致 31 人死亡，28 人受伤，43 间房间遭火焚毁，

过火总面积 2800m²，直接财产损失 81 万元。

图 2-1 华南宾馆遭火焚毁

（二）火灾原因分析及事故性质认定

1. 火灾成因分析。

（1）火灾直接原因。该起火灾直接原因系宾馆第二层金陵包厢门前吊顶上电气线路短路引燃可燃物所致。

（2）火灾间接原因。由于企业经营者严重违法违规经营，再加上潮南区政府和相关管理部门对消防安全抓落实不到位，监督检查不力，从而导致火灾蔓延扩大和重大人员伤亡。

2. 事故性质认定。

经火灾事故调查认定，汕头市潮南区华南宾馆"6·10"火灾事故是一起重大责任事故。

（三）存在的消防违法行为和火灾隐患

1. 宾馆消防安全责任制不落实，业主严重违反消防法律、法规。华南宾馆 1993 年开始建设，1996 年、2003 年分别两次室内装修，均未依法向公安机关消防机构申报建筑消防设计审核、消防工程验收和消防安全检查，擅自施工并投入使用。华南宾馆内部不仅未设置自动喷水灭火系统等建筑消防设施，还大量使用可燃装修材料，疏散通道和安全出口也不符合规范要求，存在有重大火灾隐患。

2. 从业人员消防安全素质不强。火灾发生时，宾馆服务人员没有及时报警，没有及时扑救初起火灾，未及时采取有效措施组织人员疏散，导致宾馆三、四层的住客因不知起火情况而受到浓烟包围未能及时逃生。宾馆住宿人员缺乏消防安全常识和逃生技能，部分人员不懂火灾现场的自防自救，未能逃生。

3. 火灾报警迟缓延误了灭火救人的最佳时机。根据调查取证，该起火灾的发生时间为 11 时左右，但华南宾馆从业人员并没有及时报警，大约 30min 后，消防队才接到路人的电话报警。消防队到场时，火势已处于猛烈燃烧阶段，对及时有效抢救被困人员造成了很大困难。

4. 城镇公共消防基础设施和消防装备建设滞后。由于现场市政消火栓数量不足且水压较低，难以有效保证火场供水，只能靠消防车接力运水灭火，影响了灭火救援行动的顺利开展。

（四）火灾事故责任追究

这起火灾事故共有 22 名政府及管理部门公职人员受到党纪、政纪处分，对涉嫌消防责任事故罪以及窝藏罪的华南宾馆法人代表陈某某等 8 人进行了刑事责任追究。其中：林某龙，华南宾馆经营者之一，犯消防责任事故罪，判处有期徒刑 3 年 6 个月；林某洲，华南宾馆承包者之一，犯消防责任事故罪，判处有期徒刑 3 年，缓期 4 年；林某某，华南宾馆承包者之一，当地政协委员，犯消防责任事故罪，判处有期徒刑 2 年，缓期 4 年。

二、沈阳皇朝万鑫大厦"2·3"火灾事故责任追究案例

（一）火灾情况简介

2011 年 2 月 3 日 0 时 13 分许，沈阳皇朝万鑫大厦发生火灾，火灾烧毁建筑 B 座幕墙保温系统；A 座幕墙保温系统南立面被烧毁，东立面约 1/2 及西立面约 4/5 被烧毁；B 座地上 11 层至 37 层以及 A 座地上 10 层至 45 层的室内装修、家具不同程度被烧毁，如图 2-2 所示。其中，B 座过火面积约 9814 ㎡，A 座过火面积 1025 ㎡，合计过火面积 10839 ㎡，直接财产损失 9384 万元，火灾未造成人员伤亡。

起火点

图 2-2　沈阳皇朝万鑫大厦火灾烧毁前后对比

（二）火灾成因分析

1. 火灾的直接原因。经调查，2011 年 2 月 3 日 0 时，沈阳皇朝万鑫国际大厦 A 座住宿人员李某、冯某某等 2 人，在位于沈阳皇朝万鑫国际大厦 B 座室外南侧停车场西南角处，燃放烟花，引燃了 B 座 11 层 1109 房间南侧室外平台地面塑料草坪，随后引燃铝塑板结合处可燃胶条、泡沫棒、挤塑板，火势迅速蔓延、扩大，致使建筑外窗破碎，引燃室内可燃物，进而形成大面积立体燃烧。

2. 火灾的间接原因。一是建筑外墙或幕墙使用铝塑板和保温材料的燃烧性能低；二是外保温系统未做防火封堵、防护层等防火保护措施；三是 A 座与 B 座之间的防火间距不足。

（三）存在的消防违法行为和火灾隐患

1. 公民个人违反规定，在具有火灾危险的场所燃放烟花爆竹。

2. 万鑫开发公司使用的建筑外墙保温材料易燃且未做防火封堵、防护层等防火保护措施。根据辽宁省建筑材料监督检验院对现场提取的材料检验的结果，B座使用的挤塑聚苯乙烯保温板的燃烧性能等级为 B_2 级，A座使用的模塑聚苯乙烯保温板的燃烧性能等级为 B_3 级，这类保温材料一点即燃。建筑幕墙与每层楼板、隔墙处的缝隙，未按《高层民用建筑设计防火规范》（GB 50016 - 1995）（2005年版）的要求采用防火封堵材料进行封堵。A座和B座除地上十一层窗户下方保温材料表面设置了薄抹灰防护层外，其他区域外墙保温材料表面均未设置防护层。

3. 皇朝万鑫大厦A座与B座之间的防火间距不足。A座在使用甲级防火窗后，与B座之间的防火间距缩减至6.50m，按照《高层民用建筑设计防火规范》（GB 50016 - 1995）（2005年版）是符合规定的，但设计时没有考虑到建筑外墙采用了厚达60mm和80mm的聚苯乙烯保温材料。火灾发生后，在大面积的外墙燃烧时产生的大量飞火和通过窗口发射出的高强度辐射热的作用下，A座外墙的幕墙保温系统被引燃。

（四）火灾事故责任追究

根据火灾事故调查和法院审理认为，住店客人李某在燃放烟花爆竹的过程中，因疏忽大意引发火灾，致使公私财产遭受重大损失，其行为已构成失火罪，判处李某有期徒刑3年。

三、黑龙江省哈尔滨市北龙汤泉酒店"8·25"火灾事故责任追究案例

（一）火灾事故简介

2018年8月25日4时12分许，哈尔滨市北龙汤泉酒店发生重大火灾事故（如图2-3所示），过火面积约400m²，造成20人死亡，23人受伤，直接经济损失2504.8万元。

图2-3　北龙汤泉酒店遭火焚毁

（二）火灾成因分析及事故性质认定

1. 火灾成因分析。

（1）火灾直接原因。经过调查组认定，起火原因是二期温泉区二层平台靠近西墙北侧顶棚悬挂的风机盘管机组电气线路短路，形成高温电弧，引燃周围塑料绿

植装饰材料并蔓延成灾。

（2）火灾蔓延扩大原因。一是火灾发生前一日，北龙汤泉酒店三层客房领班使用灭火器箱挡住 E 区三层常闭式防火门，使其始终处于敞开状态。起火后，塑料绿植装饰材料燃烧产生的大量含有二氯乙烷、丙烯酸甲酯、苯系物等有毒有害物质的浓烟，迅速通过敞开的防火门进入 E 区三层客房走廊，短时间内充满整个走廊并渗入房间，封死逃生路线，导致楼内大量人员被有毒有害气体侵袭，很快中毒眩晕并丧失逃生能力和机会；二是酒店室内外消火栓系统控制阀处于关闭状态，消火栓系统管网无压力水，自动灭火系统处于瘫痪状态；三是起火后，酒店工作人员未在第一时间拨打 119 报警电话，延误了最佳灭火救援时间。

2. 事故性质认定。

经调查认定，哈尔滨市北龙汤泉酒店"8·25"重大火灾事故是一起责任事故。

（三）存在的消防违法行为和火灾隐患

这里仅重点列举北龙汤泉酒店及燕达宾馆存在的消防违法行为和火灾隐患。

1. 北龙汤泉酒店消防安全管理混乱，消防安全主体责任不落实。酒店自开始建设直至投入使用，主要存在以下违法行为和火灾隐患：

（1）消防安全责任和制度不落实。该酒店未明确消防安全管理人，消防安全管理制度不健全，消防安全责任人及管理人员未履行消防安全职责。酒店未按规定在营业期间至少每 2h 一次防火巡查的要求进行巡查，消防控制室值班工作不符合建筑自动消防设施及消防控制室规范化管理的有关标准规定，消防控制室值班工作每班仅设 1 人，连续值守 24h，且承担巡查任务，巡查时消防控制室处于无人值守状态，不满足每班至少设置 2 名值班员的要求。

（2）未制订应急预案和开展应急演练，未对员工进行消防安全教育培训。酒店员工不具备引导顾客逃生疏散和扑救初起火灾能力。火灾发生后，现场人员没有第一时间报警，没能及时疏散顾客。虽然设立了微型消防站，但现场人员不懂得消防器材使用方法，未能成功扑救初起火灾。

（3）消防设施管理不到位，消防管网无压力水、自动灭火系统瘫痪。酒店消防水池储水量不足，补水控制阀被关闭，消防水池被挪作他用。消防增压泵组电气控制柜处于"停止"模式。增压罐一个被挪作他用，一个无压力。室内外消火栓系统控制阀处于关闭状态，消火栓系统管网无压力水。自动灭火系统压力开关输出线未接入喷淋泵组的电气控制柜和火灾自动报警系统。连接延时器、压力开关、水力警铃的管路控制阀被关闭，过火区域大多数洒水喷头感温元件动作，但无水喷出。

（4）未及时整改火灾隐患、未定期对消防设施进行检测、维护、保养。该酒店消防控制柜、电气线路、消防管网等存在诸多隐患，大量使用易燃可燃材料进行装饰装修，虽然消防监管部门多次下达行政整改指令，但该单位拒不整改，且未对消防设施定期进行检测维修。

（5）违法建筑结构不符合消防安全要求。该酒店建筑违建部分属于违法工程，没有通过相关部门批准、验收。其建筑结构不符合人员密集场所的安全需要，内部格局复杂，疏散通道混乱，各功能区间未设置有效防火分隔，存在重大消防隐患。

2. 燕达宾馆违法组织改扩建和装修施工，主要存在以下违法行为和火灾隐患：

（1）燕达宾馆租赁房屋后，未经批准违法组织改扩建和装修施工，未将消防设计报公安机关消防机构审核。在原始建筑基础上，用彩钢板进行加高接层，并将各单体建筑采用钢结构进行连接，违建面积 11136.56m^2。同时，将改扩建和装修工程分解，发包给不具备施工资质的个人。

（2）燕达宾馆违规建设过程中大量使用易燃可燃材料进行装饰装修。

（3）燕达宾馆电路敷设和电气设备选型不符合规范要求，电气线路没有穿管保护，起火过程中电气线路发生多次短路，设置的短路保护装置未有效动作。

（四）火灾事故责任追究

北龙汤泉酒店火灾事故共对 20 名相关责任人追究了刑事责任，其中：北龙汤泉酒店实际控制人、实际出资人，燕达宾馆董事长、总经理李某某，未依法履行生产经营单位主要负责人安全生产职责，明知酒店存在重大消防隐患，经催告拒不组织整改，仍然继续营业，对事故的发生负有责任，其涉嫌消防责任事故罪，被辖区检察院批准逮捕；北龙汤泉酒店法定代表人张某某，未依法履行生产经营单位主要负责人安全生产职责，明知酒店存在重大消防隐患，经催告拒不组织整改，使火灾隐患长期存在，对事故的发生负有责任，其涉嫌消防责任事故罪，被辖区检察院批准逮捕；北龙汤泉酒店原法定代表人王某某，明知酒店存在重大消防隐患，经催告拒不组织整改，使火灾隐患长期存在，对事故发生负有责任，其涉嫌消防责任事故罪，被辖区检察院批准逮捕；北龙汤泉酒店一级总监程某某分管保安部、工程部，工作严重不负责任，对酒店消防设施管理、检查、维护不到位，导致火灾发生时有毒烟气通过防火门快速扩散，对事故灾害扩大负有主要责任，其涉嫌重大责任事故罪，被辖区检察院批准逮捕；北龙汤泉酒店事故发生当日值班消控员吕某某，事故发生前夜查时，发现 E 区三层常闭式防火门处于敞开状态，但未采取任何措施，起火后烟气迅速渗入客房走廊和房间，导致火灾发生时有毒烟气通过防火门快速扩散，对事故灾害扩大负有主要责任，其涉嫌重大责任事故罪，被辖区检察院批准逮捕；燕达宾馆副总经理张清某，明知北龙汤泉酒店存在重大火灾隐患，经催告未及时整改，对事故发生负有责任，其涉嫌消防责任事故罪，被辖区检察院批准逮捕。

练习题

1. 简述消防安全重点单位的消防安全职责。

2. 简述火灾高危单位的消防安全职责。

3. 简述消防安全责任人的消防安全职责。

4. 简述消防安全管理人的消防安全职责。

5. 简述消防控制室值班员的职责。

6. 简述物业服务企业有哪些消防安全职责。

7. 简述发生火灾的单位有哪些协助火灾事故调查的职责。

8. 根据《消防法》的规定，消防行政处罚的种类有哪些？

9. 根据《消防法》的规定，单位有哪些消防安全违法行为，应责令改正，处5000 元以上 5 万元以下罚款？

10. 简述放火罪及其刑罚。

11. 简述消防责任事故罪及其刑罚。

12. 2017 年 6 月 3 日某市四星级酒店发生火灾，造成 3 人死亡，后经查明，火灾是由王某吸烟后将烟头随意丢弃引燃沙发所致，其行为造成的后果严重已经触犯了刑律。试分析依法应以何罪名对其起诉，应给予何种刑罚？

第三章 宾馆、饭店火灾预防

预防宾馆、饭店火灾，首先建筑物建造时在消防硬件方面应根据消防法律、法规和国家工程建设消防技术标准，采取相应的消防安全技术措施和防控手段。例如，在建筑总平面布局和平面布置、建筑构件材料选取、建筑内外部装修等环节破坏燃烧或爆炸的形成条件；在耐火方面，要求建筑物应有一定的耐火等级，保证在火灾高温持续作用下，建筑主要构件在一定时间内不破坏，阻止烟火蔓延，避免建筑结构失效或倒塌；在控火方面，对建筑物划分一定的防火分区，将火控制在室内局部范围内，阻止火势蔓延扩大；在探火方面，要求设置火灾自动报警系统，实现火灾早期探测和报警，及时通知被困人员疏散，向消防设备发出控制信号，防止和减少火灾的危害；在疏散方面，应考虑火灾时为安全疏散和扑救火灾创造有利条件，要设置安全疏散与避难以及防烟设施；在灭火救援方面，为满足扑救建筑火灾和救助建筑中遇险人员的需要，要设置灭火救援设施。其次在用电、用气、用火等火灾危险源方面，应采取相应的技术措施和安全管理手段，对可能形成的引火源进行防控。

第一节 建筑防火措施

建筑防火包括火灾前预防和火灾时控制两个方面，前者主要从防火、耐火方面进行主动预防，后者主要从控火、疏散与避难、灭火救援等方面采取措施，阻止火势蔓延扩大，为人员安全疏散和火灾扑救创造条件。

一、总平面布局和平面布置

（一）总平面布局

在规划宾馆、饭店建筑总平面布局时，应合理确定宾馆、饭店建筑的位置、防火间距、消防车道和消防水源等，要求宾馆、饭店建筑四周不得搭建违章建筑，不得占用防火间距、消防通道、消防救援场地，不得设置影响消防扑救或遮挡排烟窗（口）的架空管线、广告牌等障碍物。避免将宾馆、饭店建筑布置在甲、乙类厂（库）房，甲、乙、丙类液体储罐，可燃气体储罐和可燃材料堆场的附近。

（二）平面布置

宾馆、饭店建筑内的下列场所，其平面布置时应符合：

1. 观众厅、会议厅、多功能厅。

宾馆、饭店建筑内的会议厅、多功能厅等人员密集的场所，宜布置在首层、二层或三层。设置在三级耐火等级的建筑内时，不应布置在三层及以上楼层。确需布置在一、二级耐火等级建筑的其他楼层时，尚应符合下列规定：

（1）一个厅、室的疏散门不应少于 2 个，且建筑面积不宜大于 400m²；

（2）设置在地下或半地下时，宜设置在地下一层，不应设置在地下三层及以下楼层；

（3）设置在高层建筑内时，应设置火灾自动报警系统和自动喷水灭火系统等自动灭火系统。

2. 歌舞娱乐放映游艺场所。

宾馆、饭店建筑内的歌舞厅、录像厅、夜总会、卡拉 OK 厅（含具有卡拉 OK 功能的餐厅）、游艺厅（含电子游艺厅）、桑拿浴室（不包括洗浴部分）、网吧等歌舞娱乐放映游艺场所（不含剧院、电影院）的布置应符合下列规定：

（1）不应布置在地下二层及以下楼层；

（2）宜布置在一、二级耐火等级建筑内的首层、二层或三层的靠外墙部位；

（3）不宜布置在袋形走道的两侧或尽端；

（4）确需布置在地下一层时，地下一层的地面与室外出入口地坪的高差不应大于 10m；

（5）确需布置在地下或四层及以上楼层时，一个厅、室的建筑面积不应大于 200m²；

（6）厅、室之间及与建筑的其他部位之间，应采用耐火极限不低于 2.0h 的防火隔墙和 1.0h 的不燃性楼板分隔，设置在厅、室墙上的门和该场所与建筑内其他部位相通的门均应采用乙级防火门。

3. 设备用房。

（1）燃油或燃气锅炉、油浸变压器、充有可燃油的高压电容器和多油开关等，宜设置在建筑外的专用房间内；确需贴邻宾馆、饭店建筑布置时，应采用防火墙与所贴邻的建筑分隔，且不应贴邻人员密集场所，该专用房间的耐火等级不应低于二级；确需布置在宾馆、饭店建筑内时，不应布置在人员密集场所的上一层、下一层或贴邻，且应符合现行《建筑设计防火规范》（GB 50016）有关条款的规定。

（2）除为满足宾馆、饭店建筑使用功能所设置的附属库房外，宾馆、饭店建筑内不应设置生产车间和其他库房。经营、存放和使用甲、乙类火灾危险性物品的商店、作坊和储藏间，严禁附设在宾馆、饭店建筑内。

4. 消防控制室。

宾馆、饭店建筑内设置消防控制室时，其设置应符合下列规定：

（1）宜设置在建筑内首层或地下一层，并宜布置在靠外墙部位；

（2）不应设置在电磁场干扰较强及其他可能影响消防控制设备正常工作的房间附近；

（3）疏散门应直通室外或安全出口。

（三）防火间距

防火间距，是指防止着火建筑在一定时间内引燃相邻建筑，便于消防扑救的间隔距离。在综合考虑满足扑救火灾需要，防止火势向邻近建筑蔓延扩大以及节约用地等因素的基础上，现行《建筑设计防火规范》（GB 50016）对不同建筑物的防火间距作了具体规定。因此，宾馆、饭店建筑应依据其有关条款规定，与其他建筑之间应保持一定的防火间距。否则，就会发生类似沈阳皇朝万鑫大厦"2·3"火灾的情形，因该大厦 A 座与 B 座之间的防火间距不足，火灾发生后，致使 B 座在大面积的外墙燃烧时产生的大量飞火和通过窗口发射出的高强度辐射热的作用下，将 A 座外墙的幕墙保温系统引燃，从而形成大面积立体燃烧，造成火势迅速蔓延扩大的重大财产损失。

二、耐火极限与耐火等级

（一）宾馆、饭店建筑构件的耐火极限

建筑构件的耐火极限，是指在标准耐火试验条件下，建筑构件、配件或结构从受到火的作用时起，到失去承载能力、完整性或隔热性时止所用时间。建筑构件的耐火性能是以楼板的耐火极限为基准，再根据其他构件在建筑物中的重要性以及耐火性能可能的目标值调整后确定的。

宾馆、饭店建筑相应构件的燃烧性能和耐火极限应符合现行《建筑设计防火规范》（GB 50016）有关条款规定。

（二）宾馆、饭店的耐火等级

建筑耐火等级是衡量建筑物耐火程度的分级标准。宾馆、饭店建筑的耐火等级应根据其建筑高度、使用功能、重要性和火灾扑救难度等确定，并应符合下列规定：

1. 地下或半地下宾馆、饭店（室）和一类高层宾馆、饭店建筑的耐火等级不应低于一级。

2. 单、多层宾馆、饭店建筑和二类高层宾馆、饭店建筑的耐火等级不应低于二级。

三、防火分区及分隔构件与设施

防火分区，是指在建筑内部采用防火墙、楼板及其他防火分隔设施分隔而成，能在一定时间内防止火灾向同一建筑的其余部分蔓延的局部空间。当建筑物的某部位发生火灾，若未进行相应的防火分隔，火势便会从门、窗、洞口，沿水平方向和垂直方向向其他部位蔓延扩大，最后发展成为整座建筑的火灾。例如，哈尔滨市北龙汤泉酒店"8·25"火灾事故，造成重大人员伤亡和火灾损失的主要原因之一是该酒店建筑违建部分各功能区间未设置有效防火分隔，存在重大消防隐患而导致的。因此，划分防火分区的目的，是将火控制在局部范围内，阻止火势蔓延，便于人员安全疏散，有利于消防扑救，减少火灾损失。

（一）防火分区的面积

宾馆、饭店的建筑防火分区面积大小，应根据其使用性质、建筑高度、火灾危险性、消防扑救能力等因素确定，其防火分区最大允许建筑面积，应符合表3-1的规定。

表3-1 不同耐火等级建筑的防火分区最大允许建筑面积

名　称	耐火等级	防火分区的最大允许建筑面积（m²）	备　注
高层民用建筑	一、二级	1500	—
单、多层 民用建筑	一、二级	2500	—
	三级	1200	
	四级	600	—
地下或 半地下建筑（室）	一级	500	设备用房的防火分区最大允许建筑面积不应大于1000m²
注：1. 表中规定的防火分区最大允许建筑面积，当建筑内设置自动灭火系统时，可按本表的规定增加1.0倍；局部设置时，防火分区的增加面积可按该局部面积的1.0倍计算 2. 裙房与高层建筑主体之间设置防火墙时，裙房的防火分区可按单、多层建筑的要求确定				

（二）防火分隔构件及设施

防火分隔构件及设施，是指防火分区间的能保证在一定时间内阻燃的边缘构件及设施，分为固定式和可开启关闭式两种，主要包括防火墙、防火门（窗）、防火卷帘、防火阀等。防火分区之间应采用防火墙分隔，确有困难时，可采用防火卷帘等防火分隔设施分隔。

1. 防火分隔构件。

（1）防火墙。防火墙，是指防止火灾蔓延至相邻建筑或相邻水平防火分区且耐火极限不低于3.00h的不燃性墙体。防火墙应直接设置在建筑的基础或框架、梁等承重结构上，框架、梁等承重结构的耐火极限不应低于防火墙的耐火极限。防火墙应从楼地面基层隔断至梁、楼板或屋面板的底面基层。当宾馆、饭店建筑屋顶承重结构和屋面板的耐火极限低于0.50h时，防火墙应高出屋面0.5m以上；防火墙横截面中心线水平距离天窗端面小于4.0m，且天窗端面为可燃性墙体时，应采取防止火势蔓延的措施；防火墙上不应开设门、窗、洞口，确需开设时，应设置不可开启或火灾时能自动关闭的甲级防火门、窗。可燃气体和甲、乙、丙类液体的管道严禁穿过防火墙。防火墙内不应设置排气道；防火墙的构造应能在防火墙任意一侧的屋架、梁、楼板等受到火灾的影响而破坏时，不会导致防火墙倒塌。

（2）防火隔墙。防火隔墙，是指建筑内防止火灾蔓延至相邻区域且耐火极限不低于规定要求的不燃性墙体。建筑内的防火隔墙应从楼地面基层隔断至梁、楼板或屋面板的底面基层，同时宾馆、饭店用于不同场所或者部位对防火隔墙耐火极限的要求，应符合现行《建筑设计防火规范》（GB 50016）有关条款的规定。

2. 防火分隔设施。

（1）防火卷帘。防火卷帘是一种平时卷放在门、窗、洞口上方或侧面的转轴箱内，火灾时将其放下展开，用以阻止火势从门、窗、洞口蔓延的活动式防火分隔物，如图 3-1 所示。防火卷帘一般设置在电梯厅、自动扶梯周围，中庭与楼层走道、过厅相通的开口部位，以及设置防火墙有困难的部位等。

图 3-1　防火卷帘　　　　　　　　图 3-2　防火门

（2）防火门。防火门是一种在一定时间内，连同框架能满足耐火稳定性、完整性和隔热性要求的门。防火门通常设置于防火分区间或疏散楼梯间、安全出口、消防电梯前室、垂直竖井等部位（如图 3-2 所示），对防止烟、火的扩散和蔓延，减少损失起重要作用。

防火门应采用向疏散方向开启的平开门，不应采用推拉门、卷帘门、吊门、转门和折叠门，且应能在其内外两侧手动开启；设置在建筑内经常有人通行处的防火门宜采用常开防火门。常开防火门应能在火灾时自行关闭，并应具有信号反馈的功能；除允许设置常开防火门的位置外，其他位置的防火门均应采用常闭防火门。常闭防火门应在其明显位置设置"保持防火门关闭"等提示标识；不同场所或部位防火门的耐火性能有不同要求，通常，防火分区中作为水平防火分隔的门应采用甲级防火门，用于疏散楼梯间的门及消防控制室和其他设备房开向建筑内的门应采用乙级防火门，丙级防火门用于管道井等的检修门。

（3）防火阀。防火阀是一种在一定时间内能满足耐火稳定性和耐火完整性要求，用于管道内阻火的活动式封闭装置。其平时处于开启状态，发生火灾时，当管道内烟气温度达到公称动作温度时，易熔合金片熔断断开，防火阀就会自动关闭。

宾馆、饭店建筑通风、空气调节系统的风管在下列部位应设置公称动作温度为70℃的防火阀：穿越防火分区处；穿越通风、空气调节机房的房间隔墙和楼板处；穿越重要或火灾危险性大的场所的房间隔墙和楼板处；穿越防火分隔处的变形缝两侧；竖向风管与每层水平风管交接处的水平管段上。但当建筑内每个防火分区的通风、空气调节系统均独立设置时，水平风管与竖向总管的交接处可不设置防火阀。浴室、卫生间和厨房的竖向排风管，应采取防止回流措施或在支管上设置公称动作温度为70℃的防火阀。厨房的排油烟管道宜按防火分区设置，且在与竖向排风管连接的支管处应设置公称动作温度为150℃的防火阀。

四、安全疏散和避难的技术与安全措施

安全疏散和避难是宾馆、饭店建筑防火的一项重要内容，对于保障火灾中人员疏散逃生至关重要，其应符合现行《建筑设计防火规范》（GB 50016）的有关条款规定。这里仅对以下问题进行阐述：

（一）安全疏散和避难的技术措施

1. 安全出口。

安全出口，是指供人员安全疏散用的楼梯间和室外楼梯的出入口或直通室内外安全区域的出口。

（1）数目。宾馆、饭店建筑内每个防火分区或一个防火分区的每个楼层，其安全出口的数量应经计算确定，且不应少于2个。但建筑面积不大于200m²且人数不超过50人的单层宾馆、饭店建筑或多层宾馆、饭店建筑的首层，可设置1个安全出口或1部疏散楼梯；一、二级耐火等级宾馆、饭店建筑的安全出口全部直通室外确有困难的防火分区，可利用通向相邻防火分区的甲级防火门作为安全出口，但应符合《建筑设计防火规范》（GB 50016–2014）（2018版）第5.5.9条的规定。

（2）净宽度。宾馆、饭店建筑安全出口的净宽度由计算确定，但不应小于0.90m。

2. 疏散门。

（1）数目。宾馆、饭店建筑内房间的疏散门数量应经计算确定且不应少于2个。但符合下列条件之一的房间可设置1个疏散门：

①位于两个安全出口之间或袋形走道两侧的房间，其建筑面积不大于120m²。

②位于走道尽端的房间，建筑面积小于50m²且疏散门的净宽度不小于0.90m，或由房间内任一点至疏散门的直线距离不大于15m、建筑面积不大于200m²且疏散门的净宽度不小于1.40m。

③歌舞娱乐放映游艺场所内建筑面积不大于 50m² 且经常停留人数不超过 15 人的厅、室。

（2）净宽度。宾馆、饭店建筑内疏散门的净宽度应由计算确定，但除下列情况外，疏散门的净宽度不应小于 0.90m。

①宾馆、饭店建筑内的公共场所、观众厅的疏散门，其净宽度不应小于 1.40m，且疏散门不应设置门槛、紧靠门口内外各 1.4m 范围内不应设置踏步。

②高层宾馆、饭店建筑内楼梯间的首层疏散门和首层疏散外门的最小净宽度不应小于 1.4m。

3. 疏散走道。

（1）最小净宽度。宾馆、饭店发生火灾时建筑内人员从房间内至房间门，或从房间门至疏散楼梯和安全出口的室内疏散走道应符合下列要求：疏散走道的净宽度不应小于 1.10m；高层宾馆、饭店建筑内的首层疏散走道的最小净宽度，单面布房不应小于 1.30m，双面布房不应小于 1.40m；宾馆、饭店内使用人数超过 20 人的厅、室内应设置净宽度不小于 1.1m 的疏散走道，活动座椅应采用固定措施。

宾馆、饭店建筑的公共场所的室外疏散通道的净宽度不应小于 3.0m，并应直接通向宽敞地带。

（2）安全疏散距离。宾馆、饭店建筑的安全疏散距离，应符合《建筑设计防火规范》（GB 50016 - 2014）（2018 年版）第 5.5.17 条的有关规定。

4. 疏散楼梯和疏散楼梯间。

宾馆、饭店建筑内的疏散楼梯及疏散楼梯间设置应符合以下要求：

（1）净宽度。在满足疏散总宽度的同时，对于单层和多层宾馆、饭店建筑，疏散楼梯净宽度不应小于 1.10m；对于高层宾馆、饭店建筑，疏散楼梯最小净宽度不应小于 1.20m。

（2）设置形式。多层宾馆、饭店建筑内的疏散楼梯，除与敞开式外廊直接相连的楼梯间外，应采用封闭楼梯间；裙房和建筑高度不超过 32m 的二类高层宾馆、饭店建筑，疏散楼梯应采用封闭楼梯间；一类高层宾馆、饭店建筑或建筑高度超过 32m 的二类高层宾馆、饭店建筑，疏散楼梯应采用防烟楼梯间。

5. 避难走道与避难层（间）。

（1）避难走道。避难走道，是指采用防烟措施且两侧设置耐火极限不低于 3.00h 的防火隔墙，用于人员安全通行至室外的走道。宾馆、饭店建筑避难走道的设置应符合下列规定：

①避难走道防火隔墙的耐火极限不应低于 3.00h，楼板的耐火极限不应低于 1.50h。

②避难走道直通地面的出口不应少于 2 个，并应设置在不同方向；当走道仅与 1 个防火分区相通且该防火分区至少有 1 个直通室外的安全出口时，可设置 1 个直通地面的出口。任一防火分区通向避难直通的门至该避难走道最近直通地面的出口

距离不应大于60m。

③避难走道的净宽度不应小于任一防火分区通向该避难走道的设计疏散总净宽度。

④避难走道内部装修材料的燃烧性能应为A级。

⑤防火分区至避难走道入口处应设置防烟前室，前室的使用面积不应小于6.0m²，开向前室的门应采用甲级防火门，前室开向避难走道的门应采用乙级防火门。

⑥避难走道内应设置消火栓、消防应急照明、应急广播和消防专线电话。

（2）避难层（间）。避难层，是指建筑内用于人员暂时躲避火灾及其烟气危害的楼层（房间）。

①设置原则。建筑高度大于100m的宾馆、饭店，应设置避难层（间）。

②设置位置。第一个避难层（间）的楼地面至灭火救援场地地面的高度不应大于50m，两个避难层（间）之间的高度不宜大于50m。

（二）安全疏散和避难的安全措施

1. 安全出口处不得设置门槛、台阶；禁止在安全出口、疏散通道上安装栅栏、卷帘门等影响疏散的障碍物；在营业时严禁将安全出口上锁、阻塞，必须确保安全出口和疏散通道畅通无阻。

2. 疏散门应采用向疏散方向开启的平开门，不应采用推拉门、卷帘门、吊门、转门和折叠门，门口不得设置门帘、屏风等影响疏散的遮挡物。开向疏散楼梯或疏散楼梯间的门，当其完全开启时，不应减少楼梯平台的有效宽度。

3. 平时需要控制人员随意出入的疏散门和设置门禁系统的建筑外门，应保证火灾时不需使用钥匙等任何工具即能从内部易于打开，并应在显著位置设置具有使用提示的标识。可以根据实际需要选用以下方法：

（1）设置报警延迟时间不应超过15s的安全控制与报警逃生门锁系统。

（2）设置能与火灾自动报警系统联动，且具备远程控制和现场手动开启装置的电磁门锁装置。

（3）设置推闩式外开门。

4. 楼梯间内不应设置烧水间、可燃材料储藏室、垃圾道；楼梯间内不应有影响疏散的凸出物或其他障碍物；封闭楼梯间、防烟楼梯间及其前室，不应设置卷帘；楼梯间内不应设置甲、乙、丙类液体管道；封闭楼梯间、防烟楼梯间及其前室内禁止穿过或设置可燃气体管道。

5. 疏散楼梯和疏散通道上的阶梯不宜采用螺旋楼梯和扇形踏步。确需采用时，踏步上、下两级所形成的平面角度不应大于10°，且每级离扶手250mm处的踏步深度不应小于220mm。

6. 封闭楼梯间、防烟楼梯间的门应采用乙级防火门，并应向疏散方向开启，且门上应有正确启闭状态的标识，保证其正常使用；除通向避难层错位的疏散楼梯外，建筑内的疏散楼梯间在各层的平面位置不应改变。

7. 常闭式防火门应经常保持关闭；需要经常保持开启状态的防火门，应保证其火灾时能自动关闭。

8. 窗口、阳台等部位不应设置影响逃生和灭火救援的栅栏。

9. 在各楼层的明显位置应设置安全疏散指示图，指示图上应标明疏散路线、安全出口、人员所在位置和必要的文字说明。

五、灭火救援设施的设置及管理

（一）灭火救援设施的设置

1. 消防车道。

消防车道是供消防车灭火时通行的道路。为给消防救援人员及时扑灭火灾创造条件，单、多层宾馆、饭店建筑应设置环形消防车道，确有困难时，可沿建筑的两个长边设置消防车道。布置时应符合下列要求。

（1）消防车道的净宽度和净空高度均不应小于4.0m。

（2）转弯半径应满足消防车转弯的要求。

（3）消防车道靠建筑外墙一侧的边缘距离建筑外墙不宜小于5m。

（4）消防车道的坡度不宜大于8%。

（5）环形消防车道至少应有两处与其他车道连通。尽头式消防车道应设置回车道或回车场，回车场的面积不应小于12m×12m；对于高层建筑宾馆、饭店，不宜小于15m×15m；供重型消防车使用时，不宜小于18m×18m。

2. 救援场地和入口。

救援场地和入口包括消防车登高操作场地、专用入口和灭火救援窗等，它是建筑物发生火灾时，消防救援人员展开有效灭火救援行动以及救助遇困人员时的重要场所。

（1）消防车登高操作场地。消防车登高操作场地，是指在高层建筑的消防登高面一侧地面，设置消防车道和供消防车停靠并进行灭火救援的作业场地，如图3-3所示。高层宾馆、饭店建筑应至少沿一个长边或周边长度的1/4且不小于一个长边长度的底边连续布置消防车登高操作场地，该范围内的裙房进深不应大于4m。建筑高度不大于50m的宾馆、饭店建筑，连续布置消防车登高操作场地确有困难时，可间隔布置，但间隔距离不宜大于30m，且消防车登高操作场地的总长度仍应符合上述规定。该场地的长度和宽度分别不应小于15m和8m。对于建筑高度不小于50m的宾馆、饭店建筑，该场地的长度和宽度均不应小于15m。另外，该场地应与消防车道连通，场地靠建筑外墙一侧的边缘距离建筑外墙不宜小于5m，且不应大于10m，场地的坡度不宜大于3%。

图 3－3　消防车登高操作场地

（2）专用入口。灭火救援时，消防人员一般要通过建筑物直通室外的楼梯间或入口，进入着火楼层，并对该层及其上、下楼层进行内攻灭火和搜索救人。因此，为使消防员能尽快安全到达着火层，宾馆、饭店建筑与消防车登高操作场地相对应的范围内，应设置直通室外的楼梯或直通楼梯间的入口。

（3）灭火救援窗。灭火救援窗，是指在建筑物消防登高面一侧外墙上设置的供消防人员快速进入建筑主体且便于识别的灭火救援窗口。宾馆、饭店外墙应在每层的适当位置设置可供消防救援人员进入的灭火救援窗口。该窗口的净高度和净宽度均不应小于1.0m，下沿距室内地面不宜大于1.2m，间距不宜大于20m且每个防火分区不应少于2个，设置位置应与消防车登高操作场地相对应。

3. 消防电梯。

消防电梯是高层建筑特有的灭火救援设施。设置消防电梯的目的主要是为火灾情况下消防人员及时登楼和运送消防器材创造条件，为控制火势蔓延和扑救赢得时间。下列宾馆、饭店建筑及场所应设置消防电梯：

（1）一类高层宾馆、饭店和建筑高度大于32m的二类高层宾馆、饭店。

（2）设置消防电梯的建筑的地下或半地下室，埋深大于10m且总建筑面积大于3000m²的地下或半地下建筑（室）。

4. 直升机停机坪。

建筑高度大于100m且标准层建筑面积大于2000m²的宾馆、饭店建筑，宜在屋顶设置直升机停机坪或供直升机救助的设施。

（二）灭火救援设施的管理要求

1. 应在宾馆、饭店建筑周边道路中划出消防车道标线，并应标明"消防车道严禁占用"的警示标识。

2. 消防车道与建筑之间不应设置妨碍消防车操作的树木、架空电线、管线等障碍物。及时修剪树枝，以免影响消防车的灭火救援操作。

3. 灭火救援窗口的玻璃应易于破碎，并应设置可在室外易于识别的明显标志。

4. 消防电梯首层电梯层门的上方或附近应设置醒目的"消防电梯"的标志；通向消防电梯前室的通道上禁止设置影响人员、消防器材及装备进入的障碍物；消防电梯轿厢内不应采用可燃材料装修；"消防员开关"保护措施应完好；消防电梯井排水措施应处于无故障工作状态。

5. 严禁在消防救援场地内停车、私搭乱建、种植树木、架设电线电缆、堆放杂物，不得因园艺绿化、道路施工改造、设置广告牌（箱）等原因使消防救援场地在面积、长宽、坡度、与建筑外墙距离等方面发生变化，在消防救援场地周边应设置"消防救援场地严禁占用"的警示标志。

第二节　建筑装修防火要求

为满足功能需求，对建筑内外部空间所进行的修饰、保护及固定设施安装等活动，称为建筑内外部装修。由于建筑选用的装修装饰材料，大部分是对火较为敏感的木材、织物、塑料制品或其他有机合成材料。发生火灾时，这些易燃可燃装修材料会迅速燃烧并产生大量有毒烟气，导致人员在很短时间内窒息死亡。例如，哈尔滨北龙汤泉休闲酒店"8·25"火灾导致大量人员死亡的其中一个主要原因是该场所室内使用的大面积塑料绿植装饰材料燃烧后释放出大量含有二氯乙烷等有毒有害物质的浓烟中毒窒息所致。因此，为降低火灾发生概率、延缓火灾蔓延、减少群死群伤火灾事故，宾馆、饭店内外部装修应符合现行《建筑设计防火规范》（GB 50016）和《建筑内部装修设计防火规范》（GB 50222）的有关规定。

一、建筑外部装修防火要求

1. 建筑外墙的装饰层应采用燃烧性能为 A 级的材料，但建筑高度不大于 50m 时，可采用 B_1 级材料。

2. 户外电子发光广告牌不应直接设置在有可燃、难燃材料的墙体上；户外广告牌的设置不应遮挡建筑的外窗，不应影响外部灭火救援行动。

二、建筑内部装修防火要求

（一）宾馆、饭店特别功能部位装修防火要求

1. 建筑内部装修不应擅自减少、改动、拆除、遮挡消防设施、疏散指示标志、安全出口、疏散出口、疏散走道和防火分区、防烟分区等。

2. 建筑内部消火栓箱门不应被装饰物遮掩，消火栓箱门四周的装修材料颜色应与消火栓箱门的颜色有明显区别或在消火栓箱门表面设置发光标志。

3. 疏散走道和安全出口的顶棚、墙面不应采用影响人员安全疏散的镜面反光材料；地上建筑的水平疏散走道和安全出口的门厅，其顶棚应采用 A 级装修材料，其他部位应采用不低于 B_1 级的装修材料；地下民用建筑的疏散走道和安全出口的门厅，其顶棚、墙面和地面均应采用 A 级装修材料。

4. 疏散楼梯间和前室的顶棚、墙面和地面均应采用 A 级装修材料。

5. 建筑物内设有上下层相连通的中庭、走马廊、开敞楼梯、自动扶梯时，其连通部位的顶棚、墙面应采用 A 级装修材料，其他部位应采用不低于 B_1 级的装修材料。

6. 建筑内部变形缝（包括沉降缝、伸缩缝、抗震缝等）两侧基层的表面装修应采用不低于 B_1 级的装修材料。

7. 无窗房间内部装修材料的燃烧性能等级除 A 级外，应在原规定基础上提高一级。

8. 消防水泵房、机械加压送风排烟机房、固定灭火系统钢瓶间、配电室、变压器室、发电机房、储油间、通风和空调机房等，其内部所有装修均应采用 A 级装修材料。

9. 消防控制室等重要房间，其顶棚和墙面应采用 A 级装修材料，地面及其他装修应采用不低于 B_1 级的装修材料。

10. 建筑物内的厨房，其顶棚、墙面、地面均应采用 A 级装修材料。经常使用明火器具的餐厅，其装修材料的燃烧性能等级除 A 级外，应比同类建筑物的要求提高一级。

11. 建筑内的库房或贮藏间，其内部所有装修除应符合相应场所规定外，且应采用不低于 B_1 级的装修材料。

12. 建筑内部的配电箱、控制面板、接线盒、开关、插座等不应直接安装在低于 B_1 级的装修材料上；用于顶棚和墙面装修的木质类板材，当内部含有电器、电线等物体时，应采用不低于 B_1 级的材料。

13. 防烟分区的挡烟垂壁，其装修材料应采用 A 级装修材料。

14. 建筑内部不宜设置采用 B_3 级装饰材料制成的壁挂、布艺等，当需要设置时，不应靠近电气线路、火源或热源，或采取隔离措施。

15. 当室内顶棚、墙面、地面和隔断装修材料内部安装电加热供暖系统时，室内采用的装修材料和绝热材料的燃烧性能等级应为 A 级。当室内顶棚、墙面、地面和隔断装修材料内部安装水暖（或蒸汽）供暖系统时，其顶棚采用的装修材料和绝热材料的燃烧性能应为 A 级，其他部位的装修材料和绝热材料的燃烧性能不应低于 B_1 级，且尚应符合现行《建筑内部装修设计防火规范》（GB 50222）中有关公共场所的规定。

（二）宾馆、饭店建筑内部装修防火要求

1. 单层、多层宾馆、饭店建筑内部各部位装修材料的燃烧性能等级，不应低于表 3-2 的规定。

表 3－2　单层、多层宾馆、饭店建筑内部各部位装修材料的燃烧性能等级

序号	建筑物及场所	建筑规模、性质	建筑材料燃烧性能等级							
			顶棚	墙面	地面	隔断	固定家具	装饰织物		其他装饰装修材料
								窗帘	帷幕	
1	宾馆、饭店的客房及公共活动用房等	设置送回风道（管）的集中空气调系统	A	B_1	B_1	B_1	B_2	B_2	—	B_2
		其他	B_1	B_1	B_2	B_2	B_2	B_2	—	—
2	歌舞娱乐游艺场所	—	A	B_1	B_1	B_1	B_1	B_1	B_1	B_1
3	餐饮场所	营业面积＞100m²	A	B_1	B_1	B_1	B_1	B_1	—	B_2
		营业面积≤100m²	B_1	B_1	B_2	B_2	B_2	B_2	—	B_2
4	办公场所	设置送回风道（管）的集中空气调节系统	A	B_1	B_1	B_1	B_2	B_2	—	B_2
		其他	B_1	B_1	B_2	B_2	B_2	—	—	—

2. 高层宾馆、饭店建筑内部各部位装修材料的燃烧性能等级，不应低于表 3－3 的规定。

表 3－3　高层宾馆、饭店建筑内部各部位装修材料的燃烧性能等级

序号	建筑物及场所	建筑规模、性质	建筑材料燃烧性能等级									
			顶棚	墙面	地面	隔断	固定家具	装饰织物				其他装饰装修材料
								窗帘	帷幕	床罩	家具包布	
1	宾馆、饭店的客房及公共活动用房等	一类建筑	A	B_1	B_1	B_1	B_2	B_1	—	B_1	B_2	B_1
		二类建筑	A	B_1	B_1	B_1	B_2	B_2	—	B_2	B_2	B_2
2	歌舞娱乐游艺场所	—	A	B_1	B_1	B_1	B_1	B_1	B_1	B_1	B_1	B_1
3	餐饮场所		A	B_1	B_1	B_1	B_1	B_1	—	B_1	B_1	B_1
4	办公场所	一类建筑	A	B_1	B_1	B_1	B_2	B_1	—	B_1	B_1	B_1
		二类建筑	A	B_1	B_1	B_2	B_2	B_1	—	B_2	—	B_2

3. 地下宾馆、饭店建筑内部各部位装修材料的燃烧性能等级，不应低于表 3－4的规定。

表3-4 地下宾馆、饭店建筑内部各部位装修材料的燃烧性能等级

序号	建筑物及场所	建筑材料燃烧性能等级						
		顶棚	墙面	地面	隔断	固定家具	装饰织物	其他装饰装修材料
1	宾馆、饭店的客房及公共活动用房等	A	B_1	B_1	B_1	B_1	B_1	B_2
2	歌舞娱乐游艺场所	A	A	B_1	B_1	B_1	B_1	B_1
3	餐饮场所	A	A	A	B_1	B_1	B_1	B_2
4	办公场所	A	B_1	B_1	B_1	B_1	B_2	B_2
5	汽车库、停车库	A	A	B_1	A	A	—	—

第三节 电气火灾预防

根据中国消防年鉴统计，宾馆、饭店火灾多数都是电气原因所致，如电线短路、过负荷用电、接触不良、电气设备老化、电器产品质量差、违反用电安全规定、照明灯具距可燃物太近、雷电和静电等引起。因此，宾馆、饭店应根据现行的《建筑设计防火规范》（GB 50016）、《建筑内部装修设计防火规范》（GB 50222）和《人员密集场所消防安全管理》（GA 654）等有关规定，采用相应的防火措施，加强用电安全管理，预防电气火灾发生。

一、电气防火

电能通过电气设备及线路转化成热量，并成为火源所引发的火灾，称为电气火灾。为了抑制电气点火源的产生而采取的各种技术措施和安全管理措施，称为电气防火。

（一）电气线路防火

1. 宾馆、饭店电气线路敷设的防火要求。

（1）电气线路不应穿越或敷设在燃烧性能为 B_1 或 B_2 级的保温材料中；确需穿越或敷设时，应采取穿金属管并在金属管周围采用不燃隔热材料进行防火隔离等防火保护措施。设置开关、插座等电器配件的部位周围应采取不燃隔热材料进行防火隔离等防火保护措施。

（2）配电线路不得穿越通风管道内腔或直接敷设在通风管道外壁上，穿金属导管保护的配电线路可紧贴通风管道外壁敷设。配电线路敷设在有可燃物的闷顶、吊顶内时，应采取穿金属导管、采用封闭式金属槽盒等防火保护措施。

2. 宾馆、饭店电气线路的保护措施。

（1）为有效预防由于电气线路故障引发的火灾，除了合理地进行电线电缆的

选型，还应根据现场的实际情况合理选择线路的敷设方式，并严格按照有关规定规范线路的敷设及连接环节，保证线路的施工质量。此外，低压配电线路还应按照国家相关标准要求设置短路保护、过负载保护和接地故障保护。

（2）在低压配电系统中，有时熔断器和自动开关不能及时、安全地切除故障电路，为此低压电网中应依据现行的《民用建筑电气设计规范》（JGJ 16），在建筑物中设置剩余电流监测装置来防止剩余电流引起的触电和火灾事故。剩余电流监测保护装置有防触电和防火两种功能用途，以人身安全电流为动作值的一般称防触电保护器，以防火安全电流为动作值的称为防火保护器，当有报警功能时，又叫剩余电流式电气火灾报警器。

（二）用电设备防火

1. 宾馆、饭店电气照明器具防火。

电气照明器具包括室内各类照明及艺术装饰用的灯具。由于电气照明器具往往伴随着大量的热和高温，如果安装或使用不当，极易引发火灾事故。因此，宾馆、饭店照明器具主要应从灯具安装、使用上采取相应的防火措施。

（1）卤钨灯和额定功率不小于100W的白炽灯泡的吸顶灯、槽灯、嵌入式灯，其引入线应采用瓷管、矿棉等不燃材料做隔热保护；额定功率不小于60W的白炽灯、卤钨灯、高压钠灯、金属卤化物灯、荧光高压汞灯（包括电感镇流器）等，不应直接安装在可燃物体上或采取其他防火措施；开关、插座和照明灯具靠近可燃物时，应采取隔热、散热等防火措施。

（2）照明灯具及电气设备、线路的高温部位，当靠近非A级装修材料或构件时，应采取隔热、散热等防火保护措施，与窗帘、帷幕、幕布、软包等装修材料的距离不应小于0.5m；灯饰应采用不低于B_1级的材料。

（3）灯泡的正下方，不宜堆放可燃物品。灯泡距地面高度一般不应低于2m。如必须低于此高度时，应采用必要的防护措施。可能会遇到碰撞的场所，灯泡应有金属或其他网罩防护。严禁用纸、布或其他可燃物遮挡灯具。

（4）可燃吊顶内暗装的灯具功率不宜过大，并应以白炽灯或荧光灯为主。灯具上方应保持一定的空间，以利散热。暗装灯具及其发热附件，周围应用不燃材料（石棉板或石棉布）做好防火隔热处理。安装条件不允许时，应将可燃材料刷以防火涂料。

（5）可燃吊顶上所有暗装、明装灯具，舞台暗装彩灯，舞池脚灯的电源导线，均应穿钢管敷设。

（6）舞台暗装彩灯灯泡，舞池脚灯彩灯灯泡，其功率均宜在40W以下，最大不应超过60W。彩灯之间导线应焊接，所有导线不应与可燃材料直接接触。大型舞厅在轻钢龙骨上以线吊方式安装的彩灯，导线穿过龙骨处应穿胶圈保护，以免导线绝缘破损造成短路。

（7）可燃材料仓库内宜使用低温照明灯具，并应对灯具的发热部件采取隔热等防火措施，不应使用卤钨灯等高温照明灯具。

2. 宾馆、饭店照明供电设施防火。

照明供电设施包括照明总开关、熔断器、照明线路、灯具开关、挂线盒、灯头线、灯座、插座等。由于这些零件和导线的电压等级及容量如选择不当，都会因超过负荷、机械损坏等而导致火灾的发生。因此，宾馆、饭店照明供电设施必须符合以下防火要求：

（1）开关防火。开关应设在开关箱内，开关箱应加盖；木质开关箱的内表面应覆以白铁皮，以防起火时蔓延；开关箱应设在干燥处，不应安装在易燃、受震、潮湿、高温、多尘的场所；可能产生电火花的电源开关应采取防止火花飞溅的防护措施；潮湿场所应选用拉线开关；开关的额定电流和额定电压，均应和实际使用情况相适应。

（2）熔断器防火。选用熔断器的熔丝时，熔丝的额定电流应与被保护的设备相适应，且不应大于熔断器、电度表等的额定电流。一般应在电源进线、线路分支和导线截面面积改变的地方安装熔断器，尽量使每段线路都能得到可靠的保护。

（3）继电器防火。继电器在选用时，除线圈电压、电流应满足要求外，还应考虑被控对象的延误时间、脱口电流倍数、触点个数等因素。继电器要安装在少震、少尘、干燥的场所，现场严禁有易燃、易爆物品存在。

（4）接触器防火。接触器技术参数应符合实际使用要求，接触器一般应安装在干燥、少尘的控制箱内，其灭弧装置不能随意拆开，以免损坏。

（5）启动器防火。启动器起火，主要是由于分断电路时接触部位的电弧飞溅，以及接触部位的接触电阻过大而产生的高温烧毁开关设备并引燃可燃物。因此，启动器附近严禁有易燃、易爆物品存在。

（6）低压配电柜防火。配电柜、电表箱应采用不燃烧材料制作。配电柜应固定安装在干燥清洁的地方，以便于操作和确保安全。配电柜上的电气设备应根据电压等级、负荷容量、用电场所和防火要求等进行设计或选定。配电柜中的配线应采用绝缘导线和合适的截面面积。配电柜的金属支架和电气设备的金属外壳，必须进行保护接地或接零。

（7）灯座等防火。功率在150W以上的开启式和100W以上的其他型式灯具，不准使用塑胶灯座，而必须采用瓷质灯座。灯具各零件必须符合电压、电流等级，不得过电压、过电流使用。灯头线在天棚挂线盒内应做保险扣，以防止接线端直接受力拉脱，产生火花。

二、用电消防安全管理

宾馆、饭店用电应从以下几个方面进行消防安全管理：

1. 应建立用电防火安全管理制度，并应明确下列内容：用电防火安全管理的责任部门和责任人；电气设备的采购、安全使用、检查内容等要求；电气设备操作人员的岗位资格及其职责要求。

2. 采购电气、电热设备，应选用合格产品，并应符合有关安全标准的要求。

3. 新安装电气线路、设备须办理内部审批手续后方可安装、使用；电气线路敷设、电气设备安装和维修应由具备职业资格的电工操作，严格执行安全操作规程。

4. 不得随意私拉乱接电气线路，擅自增加用电设备。

5. 电器设备周围应与可燃物保持 0.5m 以上的间距。严禁将移动式插座、充电电池等放置在可燃物上或被可燃物覆盖，严禁串接、超负荷使用。

6. 消防安全重点部位禁止使用电热器具，确实必须使用时，使用部门应制定安全管理措施，明确责任人并报消防安全管理人批准、备案后，方可使用；电热炉、电熨斗等电热设备使用期间应有人看护，使用后应及时切断电源；停电后应拔掉电源插头，关断通电设备。

7. 用电设备长时间不使用时，应采取将插头从电源插座上拔出等断电措施。

8. 选用额定容量的保险装置，严禁使用铜丝、铁丝等代替保险丝，且不得随意增加保险丝的截面积。

9. 对电气线路和用电设备应定期检查、检测，严禁超负荷运行。

10. 宾馆、饭店营业结束时，应切断营业场所的非必要电源。

第四节　火灾危险源控制及火灾预防

宾馆、饭店的经营活动和员工生活，不可避免地要用火、动火、用气、用油。因此，为有效地预防宾馆、饭店火灾，根据燃烧基本理论，消除引火源，控制可燃物，避免燃烧条件同时存在并相互作用，应按照下列要求对火灾危险源进行控制和管理。

一、火灾危险源控制

（一）火源控制及管理

1. 建立用火、动火安全管理制度，明确用火、动火管理的责任部门和责任人，用火、动火的审批范围、程序和要求以及电气焊工的岗位资格及其职责要求等内容。

2. 在营业时间禁止进行电（气）焊动火施工。在非营业期间因施工、保养、修理等特殊情况需要进行电、气焊等明火作业的，动火部门和人员应当按照其用火管理制度办理动火审批手续，制定动火作业方案，疏散无关人员，清除易燃可燃物，配置灭火器材，落实现场监护人和安全措施，在确认无火灾、爆炸危险后方可动火施工。动火施工人员应当遵守消防安全规定，并落实相应的消防安全措施。作业完毕后，应清理作业现场，熄灭余火和飞溅的火星，并及时切断电源。

3. 严禁在宾馆、饭店建筑内外燃放各种焰火、烟花，不得进行以喷火为内容的表演。在演出、放映场所需要使用明火效果时，应落实相关的防火措施。

4. 禁止吸烟，不应使用明火照明或取暖。

5. 炉火、烟道等设施与可燃物之间应采取防火隔热措施。

6. 在营业时间和营业结束后，应指定专人进行消防安全检查，清除烟蒂等火种。

（二）用气控制及管理

宾馆、饭店的厨房，其管道燃气的使用应符合下列要求：

1. 燃气管道的设计、敷设应符合国家标准《城镇燃气设计规范》（GB 50028）的要求，并应由专业人员设计、安装、维护。

2. 进入建筑物内的燃气管道应采用镀锌钢管，严禁采用塑料管道，管道上应设置切断阀，穿墙处应加设保护套管。

3. 使用燃气场所应通风良好，发生火灾应立即关闭阀门，切断气源。

4. 燃气管道应经常检查、检测和保养，厨房的烟道应至少每季度清洗一次。

（三）易燃易爆危险品控制及管理

1. 应明确易燃易爆危险品管理的责任部门和责任人。

2. 宾馆、饭店内严禁生产、储存易燃易爆化学物品。

3. 宾馆、饭店需要使用易燃易爆化学物品时，应根据需要限量使用，存储量不应超过一天的使用量，且应由专人管理、登记。

4. 使用油类等可燃液体燃料的炉灶等设备必须在熄火降温后充装燃料。

5. 具有易燃易爆化学物品属性的空气清新剂、含有机溶剂的化妆品等应远离火源、热源。

二、消防安全重点部位火灾预防

（一）客房火灾预防

客房是火灾的高发部位，平时应采取以下火灾预防措施：

1. 客房内应配有"禁止卧床吸烟"警示标志和应急疏散指示图、旅客消防安全指南等须知。

2. 客房内的装饰装修材料应符合现行《建筑内部装修设计防火规范》（GB 50222）的规定。

3. 客房内除配置电视机、小型开水器、电吹风等固有电器，以及允许旅客使用电脑、电动剃须刀等小型电器外，禁止使用其他电器设备，尤其是电热设备。同时，严禁私拉乱接电气线路。

4. 禁止旅客非法携带易燃易爆危险品进入宾馆客房。

5. 提醒旅客不得将充电器放在床上充电，且离开客房前应关闭电源开关。

6. 服务员在整理客房时，应仔细检查电器设备的使用情况，对烟灰缸内未熄灭的烟蒂不得倒入垃圾袋。整理好客房后要切断客房电源，发现火灾隐患应及时处置。

（二）厨房火灾预防

厨房的制作间、加工间、备餐间、库房等，用火、用电、用气频繁，明火作业广泛，致灾因素多，稍有不慎，极易发生火灾。因此，应采取以下措施预防厨房火灾：

1. 厨房敷设的燃料管线、配置的灶具必须符合相关规范规定。燃气管道及器具的安装、调试、维修应由具有相关安装资质的单位、人员进行，不应私自拆除、改装、迁移、安装、遮挡或封闭燃气管道及器具。

2. 厨房电器设备使用应按规程操作，不得过载运行。所有电器设备都要定期检查维修，防止电气火灾发生。

3. 油炸食品时，要限制锅内的食油，不超过锅容积的2/3，以防止食油溢出引发火灾。

4. 排油烟管不应暗设，并应直通厨房室外的排烟竖井。厨房排烟罩、灶具应每日擦拭一次，抽油烟机管道应至少每季度请专业公司清洗一次。定期检查燃气管道及器具，每年更换一次胶管。

5. 当厨房使用天然气作燃料时，平时应确保天然气管线阀门完整好用，各部位不得漏气；天然气连接导管两端必须用金属丝缠紧，经常用肥皂水检查漏气与否。严禁用不耐油的橡胶管线做连接导管；在用户附近的进户线上，应设置相应的油气分离器，定期排放积存于管线内的轻质油和水。发现灶具冒轻质油时，应立即停火，排出轻质油后再点火；使用天然气炉灶前，要检查厨房内有无漏气，发现漏气时，禁止动用明火或开关电器。要打开门窗通风，及时查找泄漏源。

6. 厨房使用管道煤气做燃料时，煤气炉灶与管道的连接不宜采用软管。若必须采用时，则其长度不应超过2m，两端必须扎牢，软管老化应及时更新。每次使用完毕必须关好总阀门；禁止厨房操作人员擅自更换或拆迁煤气管道、阀门以及计量表具等设备；使用煤气炉灶时，必须严格按"先点火、后开气"的顺序；发现漏气，应立即采取通风措施，将周围火源熄灭，通知供气部门检修；禁止在任何情况下明火试漏。

7. 工作结束后，应关闭所有燃料供给阀门，熄灭火源，切断除冷冻设备以外的一切电源。

（三）餐厅火灾预防

餐厅一般包括中餐厅、西餐厅、宴会厅和自助餐厅等，且紧临厨房这一高风险区，加之用餐人员密集，可燃物较多，因此，应采取以下防火措施：

1. 餐桌布置时，仅就餐者通行时，桌边到桌边的净距不应小于1.35m，桌边到内墙面的净距不应小于0.90m；有服务员通行时，桌边到桌边的净距不应小于1.80m，桌边到内墙面的净距不应小于1.35m；有小车通行时，桌边到桌边的净距不应小于 2.10m。

2. 服务员应熟知卡式便携炉酒精炉、电磁炉的工作原理和操作程序。要慎用酒精炉，酒精炉宜使用固体酒精燃料，如果使用液态酒精，严禁在火焰未熄灭前添加酒精。

3. 使用炭火的烧烤餐厅，应在每个火源上方设置排烟设施，使用木炭的火炉周围严禁采用可燃装修和堆放可燃物，使用后应立即熄灭，不得随意倾倒高温的木炭灰；供应火锅的风味餐厅，必须加强对火炉的管理；严禁使用液化石油气炉。

4. 慎用蜡烛，如餐厅内点蜡烛增加气氛时，必须将蜡烛置于用不燃材料制作的固定基座内，并不得靠近可燃物。

5. 餐桌上应放置烟缸，以便客人扔放烟头和火柴梗。餐厅服务员收台时，留意不要将烟蒂、火柴梗卷入台布内。

6. 顾客离开餐厅后，服务员应对餐厅进行认真检查，彻底消除火种，然后把餐厅内的空调、电视机、音响以及灯具等电器设备的电源关掉，方可离开餐厅。

（四）会议室（厅）火灾预防

1. 严禁吸烟和使用明火，严禁携带易燃易爆物品进入室内。

2. 电气设施的设计、安装和使用，应符合相关规定。

3. 配光和照明用灯具表面的高温部位不得靠近可燃物，移动式的灯具应采用橡胶套电缆，插头和插座应保持接触良好。

4. 安全出口和疏散通道应保持畅通，会议期间安全出口不得上锁。

5. 会议结束后，及时进行清扫检查，消除遗留火种。

6. 人员全部离开后，应关闭一切电气设备，切断电源。

（五）洗衣房火灾预防

洗衣房常用设备有洗涤脱水机、干洗机、洗涤机、甩干机、烘干机、熨压机等，还存放有大量的床单、桌布和衣物等可燃物。在预防火灾方面应注意以下要点：

1. 洗衣房严禁超负荷使用电气设备，电气线路要按规定敷设，注意防潮。定期检查电气设备，电气线路等，注意电气防火。

2. 洗衣房应保持清洁整齐，妥善保管洗涤化学用品，严禁吸烟。

3. 机位前后不得存放与洗烫无关的杂物，密切留意设备的运行情况，发现情况立即停机并及时向主管报告。

4. 成品出机，待设备完全停止转动，指示灯熄灭后，开启机门。

（六）锅炉房火灾预防

1. 锅炉投运前应对锅炉本体、辅机、燃烧设备、控制与保护装置、管道系统以及水位表、压力表、安全阀等保护装置与连锁装置进行全面检查，以确保安全。

2. 锅炉点火前，应进行机械通风将炉膛及烟道内的可燃气体排出炉外，机械通风时间为 5~10min；点火前应测试锅炉安全阀，发现问题应及时检修。

3. 每年应对在用锅炉进行一次外部检验，每2年进行一次内部检验，每6年进行一次水压试验；当内、外部检验同在一年内进行时，应首先进行内部检验，发现问题应及时检修。

4. 锅炉周围应保持整洁，不应堆放木材、棉纱等可燃物；室内应保持足够的照明和良好的通风。

5. 禁止在锅炉内焚烧废纸、废木材及废油毡等物品；禁止在运行或停备状态的油管道上进行焊接操作；不得在锅炉本体和蒸汽管道上烧烤物品。应定期检查供油供气管路和阀门的密封情况，并保持良好通风。

6. 应每年检修一次动力线路和照明线路，明敷线路应穿金属管或封闭式金属线槽，且与锅炉和供热管道保持安全距离。

练习题

1. 简述宾馆、饭店建筑在总平面布局时有何规定。
2. 简述宾馆、饭店建筑内设置消防控制室有何规定。
3. 何谓防火墙？防火墙设置应满足哪些要求？
4. 何谓防火门？防火门设置应满足哪些要求？
5. 简述宾馆、饭店建筑安全疏散和避难的安全措施要求。
6. 简述宾馆、饭店建筑消防车道布置时应满足的要求。
7. 宾馆、饭店建筑外墙设置灭火救援窗时应满足哪些要求？
8. 简述宾馆、饭店建筑外部装修的防火要求。
9. 简述宾馆、饭店特别功能部位装修的防火要求。
10. 简述宾馆、饭店电气线路敷设的防火要求。
11. 简述宾馆、饭店厨房的管道燃气使用应满足的防火要求。
12. 结合实际谈谈采取哪些措施预防宾馆客房火灾。

第四章　宾馆、饭店消防设施的设置与维护管理

消防设施是指火灾自动报警系统、自动灭火系统、消火栓给水系统、防烟排烟系统以及应急广播和应急照明、安全疏散设施等，主要用于建筑物的火灾报警、灭火、人员疏散、防火分隔及灭火救援行动等，其对确保建筑物的消防安全起着举足轻重的作用。因此，宾馆、饭店建筑产权、管理和使用单位应根据消防法律法规和国家工程建设消防技术标准的规定，设置消防设施，并定期组织检验、维修，确保其完好有效。

第一节　消防设施的设置

为确保宾馆、饭店建筑消防安全，在建造时应依据现行《建筑设计防火规范》（GB 50016）等国家工程建设消防技术标准设置以下消防设施。

一、火灾自动报警系统的设置

火灾自动报警系统，是指探测火灾早期特征，发出火灾报警信号，为人员疏散、防止火灾蔓延和启动自动灭火设备提供控制与指示的消防系统。

1. 下列宾馆、饭店建筑或场所应设置火灾自动报警系统：

（1）任一层建筑面积 $1500m^2$ 或总建筑面积大于 $3000m^2$ 的旅馆建筑。

（2）歌舞娱乐放映游艺场所。

（3）净高大于 2.6m 且可燃物较多的技术夹层，净高大于 0.8m 且有可燃物的闷顶或吊顶内。

（4）特殊贵重或火灾危险性大的机器、仪表、仪器设备室、贵重物品库房，设置气体灭火系统的房间。

（5）二类高层宾馆、饭店建筑内建筑面积大于 $50m^2$ 的可燃物品库房和建筑面积大于 $500m^2$ 的营业厅。

（6）其他一类高层宾馆、饭店建筑。

（7）设置机械排烟、防烟系统、雨淋或预作用自动喷水灭火系统、固定消防水炮灭火系统等需与火灾自动报警系统连锁动作的场所或部位。

2. 餐饮场所等建筑内可能散发可燃气体、可燃蒸气的场所应设置可燃气体报警系统。

3. 休息厅、录像放映室、卡拉 OK 室内应设置声音或视像警报，保证在火灾发生初期，将其画面、音响切换到应急广播和应急疏散指示状态。

4. 下列宾馆、饭店建筑或场所的非消防用电负荷宜设置电气火灾监控系统：

（1）一类高层宾馆、饭店建筑。

（2）室外消防用水量大于 25L/s 的其他宾馆、饭店建筑。

二、消防给水及消火栓系统的设置

（一）消防给水的设置

1. 消防水源。

（1）天然水源。作为消防水源应满足下列要求：

①当室外消防水源采用天然水源时，应采取防止冰凌、漂浮物、悬浮物等物质堵塞消防水泵的技术措施，并应采取确保安全取水的措施。

②当天然水源等作为消防水源时，应符合下列规定：当地表水作为室外消防水源时，应采取确保消防车、固定和移动消防水泵在枯水位取水的技术措施；当消防车取水时，最大吸水高度不应超过 6.0m；当井水作为消防水源时，还应设置探测水井水位的水位测试装置。

③设有消防车取水口的天然水源，应设置消防车到达取水口的消防车道和消防车回车场或回车道。

（2）市政给水管网。市政给水管网敷设在道路下，遍布城镇各个街区，可通过其进户管为建筑物提供消防用水，或通过其上设置的室外消火栓为火场提供灭火用水，是城镇的主要消防水源。当市政给水管网连续供水时，消防给水系统可采用市政给水管网直接供水。

（3）消防水池。符合下列规定之一的，应设置消防水池：

①当生产、生活用水量达到最大时，市政给水管网或入户引入管不能满足室内、室外消防给水设计流量。

②当采用一路消防供水或只有一条入户引入管，且室外消火栓设计流量大于 20L/s 或建筑高度大于 50m。

③市政消防给水设计流量小于建筑室内外消防给水设计流量。

2. 消防供水设施。

（1）高位消防水箱。如图 4-1 所示，高位消防水箱设置在建筑物的最高处，依靠重力自流和有限储水容积，保证扑救建筑物初期火灾所需的水压，储存初期火灾所需的水量，使消防给水管网内始终充有水，在消防水泵正常启动前，灭火设备一开启就能及时出水灭火。宾馆、饭店室内采用临时高压消防给水系统，应设置高位消防水箱且应符合下列规定：

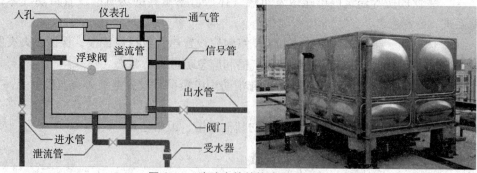

图 4-1　消防水箱的构成及实物图

①高层宾馆、饭店建筑，总建筑面积大于 $10000m^2$ 且层数超过 2 层的宾馆、饭店建筑，必须设置高位消防水箱。

②其他宾馆、饭店建筑应设置高位消防水箱，但当设置高位消防水箱确有困难，且采用安全可靠的消防给水形式时，可不设高位消防水箱，但应设稳压泵。

③当市政供水管网的供水能力在满足生产、生活最大小时用水量后，仍能满足初期火灾所需的消防流量和压力时，市政直接供水可代替高位消防水箱。

（2）消防水泵及消防泵房。在灭火过程中，从消防水源取水到将水输送到灭火设备处，都要依靠消防水泵来完成，它是消防给水系统的心脏，如图 4-2 所示。当宾馆、饭店建筑设有临时高压消防给水系统时，应设置消防水泵。设置消防水泵和消防转输泵时均应设置备用泵。其性能应与工作泵性能一致，但下列宾馆、饭店建筑除外：一是室外消防给水设计流量小于等于 25L/s 的建筑；二是室内消防给水设计流量小于等于 10L/s 的建筑。

（3）消防稳压泵。消防稳压泵，是指在消防给水系统中用于平时稳定水灭火设施最不利点处水压的给水泵，与气压水罐共同组成消防增（稳）压系统，如图 4-3 所示。宾馆、饭店建筑采用临时高压消防给水系统，当高位消防水箱设置高度不能满足系统水灭火设施最不利点处所需的静水压力要求时，应设稳压泵。

图 4-2　消防水泵及消防泵房实物图

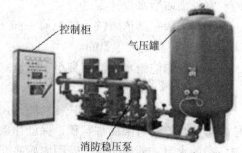

图 4-3 消防增稳压系统主要组件

（4）消防水泵接合器。它属于临时消防供水设施，是水灭火系统的重要组成部分。当建筑物发生火灾，室内消防水泵因检修、停电或出现其他故障停止运转期间，或建筑物发生较大火灾，室内消防用水量显现不足时，需利用消防车从室外消防水源抽水，通过消防水泵接合器向室内消防给水管网提供或补充消防用水。因此，符合下列条件的宾馆、饭店建筑应设置水泵接合器：

①设有自动喷水灭火系统、固定消防炮灭火系统等系统的宾馆、饭店建筑；

②设有室内消火栓给水系统的高层宾馆、饭店建筑和超过 5 层的宾馆、饭店建筑；

③超过 2 层或建筑面积大于 $10000m^2$ 的地下宾馆、饭店建筑。

（二）消火栓系统的设置

1. 室外消火栓系统。

室外消火栓系统，是指设置在建筑物墙外，主要承担民用建筑、厂房、仓库、储罐（区）和堆场周围的消防给水任务的系统。因此，宾馆、饭店建筑周围，以及用于消防救援和消防车停靠的屋面上应设置室外消火栓系统。

2. 室内消火栓系统。

室内消火栓系统主要由消防水源、供水设备、室内消防给水管网、室内消火栓设备等组成（如图 4-4 所示），是建筑物内应用最广泛的一种灭火系统。

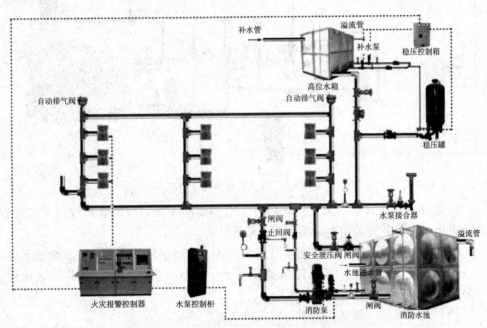

图 4-4 室内消火栓给水系统组成示意图

下列宾馆、饭店建筑应设置室内消火栓系统，还应设置消防软管卷盘或轻便消防水龙：

（1）高层宾馆、饭店建筑。

（2）体积大于5000m³的单、多层旅馆建筑。

三、自动灭火系统的设置

（一）自动喷水灭火系统的设置

自动喷水灭火系统，是指由洒水喷头、报警阀组、水流报警装置（水流指示器或压力开关）等组件以及管道、供水设施组成的，并能在发生火灾时喷水灭火的自动灭火系统，是扑救建筑物初期火灾最有效的消防设施。自动喷水灭火系统，根据所使用喷头的开闭型式分为闭式系统和开式系统两大类，根据用途和配置状况又分为湿式系统、干式系统、预作用系统、雨淋系统、水幕系统和自动喷水—泡沫联用系统等类型。宾馆、饭店建筑中应用最广泛的是湿式系统，如图4-5所示。

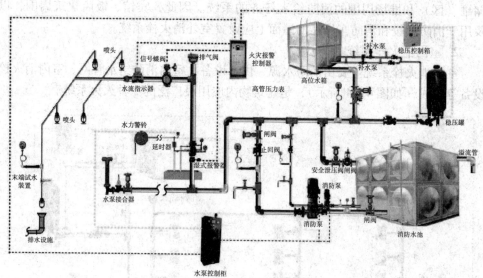

图4-5 湿式系统组成示意图

1. 除不宜用水保护或灭火的场所外，下列高层宾馆、饭店建筑或场所应设置自动灭火系统，并宜采用自动喷水灭火系统：

（1）一类高层宾馆、饭店建筑（除游泳池、溜冰场外）及其地下、半地下室。

（2）二类高层宾馆、饭店建筑及其地下、半地下室的公共活动用房、走道、办公室和旅馆的客房、可燃物品库房。

（3）高层宾馆、饭店内的歌舞娱乐放映游艺场所。

2. 除不宜用水保护或灭火的场所外，下列单、多层宾馆、饭店建筑或场所应设置自动灭火系统，并宜采用自动喷水灭火系统：

（1）任一层建筑面积大于1500m²或总建筑面积大于3000m²的旅馆建筑。

（2）设置在地下或半地下或地上四层及以上楼层的歌舞娱乐放映游艺场所

（除游泳场所外），设置在首层、二层和三层且任一层建筑面积大于$300m^2$的地上歌舞娱乐放映游艺场所（除游泳场所外）。

（二）气体灭火系统的设置

气体灭火系统由灭火剂储存装置、启动分配装置、输送释放装置、监控装置等组成。该系统是以某些气体作为灭火介质，在整个防护区或保护对象周围的局部区域建立起灭火浓度来实现灭火的。按充装的灭火剂不同，气体灭火系统分为二氧化碳灭火系统、IG541灭火系统、七氟丙烷灭火系统及热气溶胶灭火系统。

宾馆、饭店建筑内的特殊重要设备室应设置自动灭火系统，并宜采用气体灭火系统。

四、防烟与排烟系统的设置

防烟与排烟系统是建筑物内设置的用以控制烟气运动，防止火灾初期烟气蔓延扩散，确保室内人员的安全疏散、安全避难，并为消防救援创造有利条件的防烟系统和排烟系统的总称，如图4-6所示。

图4-6　防烟排烟系统

1. 宾馆、饭店建筑的下列场所或部位应设置防烟系统：
（1）防烟楼梯间及其前室。
（2）消防电梯间前室或合用前室。
（3）避难走道的前室、避难层（间）。

建筑高度不大于50m的宾馆、饭店，当其防烟楼梯间的前室或合用前室符合下列条件之一时，楼梯间可不设置防烟系统：前室或合用前室采用敞开的阳台、凹廊；前室或合用前室具有不同朝向的可开启外窗，且可开启外窗的面积满足自然排烟口的面积要求。

2. 宾馆、饭店建筑的下列场所或部位应设置排烟设施：
（1）设置在一、二、三层且房间建筑面积大于$100m^2$的歌舞娱乐放映游艺场所，设置在四层及以上楼层、地下或半地下的歌舞娱乐放映游艺场所。
（2）中庭。
（3）建筑面积大于$100m^2$且经常有人停留的地上房间。
（4）建筑面积大于$300m^2$且可燃物较多的地上房间。
（5）建筑内长度大于20m的疏散走道。
（6）地下或半地下建筑（室）、地上建筑内的无窗房间，当总建筑面积大于

$200m^2$或一个房间建筑面积大于$50m^2$，且经常有人停留或可燃物较多时，应设置排烟设施。

五、消防应急照明和疏散指示系统的设置

消防应急照明和疏散指示系统的作用是建筑物发生火灾，当正常照明电源被切断时，为人员安全疏散、消防作业提供应急照明和疏散指示。

1. 宾馆、饭店建筑的下列部位应设置消防应急照明：

（1）封闭楼梯间、防烟楼梯间及其前室、消防电梯间的前室或合用前室、避难走道、避难层（间）。

（2）多功能厅和建筑面积大于$200m^2$的餐厅等人员密集场所。

（3）建筑面积大于$100m^2$的地下或半地下公共活动场所。

（4）疏散走道。

2. 宾馆、饭店建筑应设置灯光疏散指示标志。

3. 宾馆、饭店建筑的歌舞娱乐放映游艺场所应在疏散走道和主要疏散路径的地面上增设能保持视觉连续的灯光疏散指示标志或蓄光疏散指示标志。

六、灭火器的配置

灭火器是一种由人力手提或推拉至着火点附近，手动操作并在其内部压力作用下，将所充装的灭火剂喷出实施灭火的常规灭火器具，其主要用于火灾现场人员扑灭保护场所的初起火灾。灭火器按充装的灭火剂类型不同，分为水基型灭火器、干粉型灭火器、二氧化碳灭火器和洁净气体灭火器，分别适用扑救不同类型的火灾。

根据《建筑设计防火规范》（GB 50016 - 2014）（2018 年版）第 8.1.9 条的规定，宾馆、饭店建筑内应配置灭火器。配置应按下列要求进行：

1. 客房数在 50 间以上的旅馆、饭店的公共活动用房、多功能厅、厨房，其灭火器配置场所应按严重危险级确定。若选配 ABC 类干粉灭火器时，单具灭火器最小配置灭火级别不应小于 3A；客房数在 50 间以下的旅馆、饭店的公共活动用房、多功能厅和厨房，其灭火器配置场所按中危险级确定。若选配 ABC 类干粉灭火器时，单具灭火器最小配置灭火级别不应小于 2A；旅馆、饭店的客房，其灭火器配置场所应按轻危险级确定。若选配 ABC 类干粉灭火器时，单具灭火器最小配置灭火级别不应小于 1A。

2. 地下宾馆、饭店建筑比地上宾馆、建筑场所应增配 30% 的灭火器。另外，一个计算单元内配置的灭火器数量不得少于 2 具，每个设置点的灭火器数量不宜多于 5 具。

3. 灭火器应设置在位置明显和便于取用的地点，且不得影响安全疏散。

4. 对有视线障碍的灭火器设置点，应设置指示其位置的发光标志。

5. 灭火器的摆放应稳固，其铭牌应朝外。手提式灭火器宜设置在灭火器箱内

或挂钩、托架上，其顶部离地面高度不应大于1.5m；底部离地面高度不宜小于0.08m。灭火器箱不得上锁。

6. 灭火器应保持铭牌完整、清晰，保险销和铅封完好，压力指示区保持在绿色区。

7. 灭火器应避免日光曝晒和强辐射热等环境影响，不得设置在超出其使用温度范围的地点，不应设置在潮湿或强腐蚀性的地点。灭火器设置在室外时，应有相应的保护措施。

七、消防应急广播设施与建筑火灾逃生避难器材的设置

（一）消防应急广播设施的设置

消防应急广播设施，主要用于火灾或意外事故时对指定区域进行应急信息广播，并统一指挥火场现场人员进行疏散。因此，设有消防控制室的宾馆、饭店建筑应设置消防应急广播设施。

（二）建筑火灾逃生避难器材的设置

建筑火灾逃生避难器材是在建筑物发生火灾的情况下，遇险人员逃离火场时所使用的辅助逃生器材，包括逃生缓降器、逃生梯、逃生滑道、防烟面具、应急手电筒等。

1. 高层旅馆的客房内应配备应急手电筒、防烟面具、逃生缓降器等逃生器材及使用说明，其他旅馆的客房内宜配备应急手电筒、防烟面具、逃生缓降器、逃生绳等逃生器材及使用说明。

2. 客房层应按照现行的《建筑火灾逃生避难器材 第1部分：配备指南》（GB 21976.1）设置辅助疏散、逃生设备，并应有明显的标志。

3. 宾馆、饭店的窗口、阳台等部位宜根据其高度设置适用的辅助疏散逃生设施。

第二节 消防设施的维护管理

为使消防设施始终保持完好有效状态，确保发生火灾时发挥探测火灾、及时控制和扑救初期火灾、保护人员安全疏散的作用，宾馆、饭店的产权单位、管理和使用单位应依据《消防法》等有关法律、法规赋予的法定职责，按照现行的《建筑消防设施的维护管理》（GB 25201）、《消防控制室通用技术要求》（GB 25506）等消防标准的要求，定期组织或者委托具有相应资质的消防技术服务机构对消防设施进行维护管理。

一、消防设施维护管理的基本要求

1. 消防设施状态和标识化管理要求。

消防设施投入使用后，应处于正常工作状态，严禁擅自关停消防设施。消防设施的电源开关、管道阀门，均应处于正常运行位置，并具有明显的开（闭）状态标识。对需要保持常开或常闭状态的阀门，应采取铅封、标识等限位措施。对具有信号反馈功能的阀门，其状态信号应反馈到消防控制室。消防设施及其相关设备电气控制柜具有控制方式转换装置的，除现场具有控制方式及其转换标识外，其所控制方式宜反馈至消防控制室。

2. 故障维修需暂时停用管理要求。

值班、巡查、检测时发现故障，应及时组织修复。因故障维修等原因需要暂时停用消防系统的，应有确保消防安全的有效措施，并经单位消防安全责任人批准。

3. 远程监控管理要求。

城市消防远程监控系统联网用户，应按照规定协议向监控中心发送消防设施运行状态信息和消防安全管理信息。

二、消防设施的日常巡检和检查

宾馆、饭店在组织相关专（兼）职消防人员开展防火巡查和防火检查时，应将消防设施纳入其中进行巡检查，其检查的内容主要包括消防设施设置场所或防护区域的环境状况、消防设施主要组件、材料等外观以及消防设施运行状态、消防水源状况及固定灭火设施灭火剂储存量等，如表4-1所示。

表4-1 消防设施日常巡检查项目及内容

设施名称	巡检查项目	巡检查内容
消防供电设施	主、备用电源	仪表、指示灯是否正常显示，各个标志是否清晰、完整，开关、按钮是否灵活
	发电机启动装置	(1) 仪表、指示灯是否处于正常状态，操作部件是否灵活，排烟管道有无变形、脱落，启动电瓶是否定期维护、记录是否完整 (2) 核对燃油标号是否符合要求 (3) 输油管有无变形、锈蚀现象，导除静电设施是否连接牢固、接地良好
	配、发电机房	(1) 配电房（间）消防器材是否完备，防护装具是否齐全，是否存在无关的用火、用电器材等 (2) 消防低压开关柜的标志是否清晰、完好 (3) 机房照明、通风、通信等设备是否正常 (4) 机房入口处防动物侵入、挡水设施是否保持良好
	末端配电箱	标志是否清晰、完好，仪表、指示灯、开关、控制按钮功能是否正常，操作是否灵活

（续表）

设施名称	巡检查项目	巡检查内容
火灾自动报警系统	火灾探测器	表面及周围是否存在影响探测功能的障碍物，巡检指示灯是否正常闪亮
	区域显示器	工作状态指示灯是否处于点亮，是否存在遮挡等影响观察的障碍物
	CRT图形显示器	是否处于正常监控、显示状态，模拟操作时显示信息是否准确
	火灾报警控制器	指示灯功能是否正常，系统显示时间是否存在误差，打印机是否处于开启状态
	消防联动控制器	是否处于正常监控、无故障状态，操作按钮上对应被控对象的标志是否清晰、完整、牢固
	手动报警按钮	面板是否破损，巡检指示灯是否正常闪亮，按钮周围是否存在影响辨识和操作的障碍物
	火灾警报装置	周围是否存在影响观察、声音传播的障碍物
电气火灾监控系统	火灾监控探测器	安装位置是否改变，固定是否牢靠，距离监控对象的间距是否大于10cm，探测器金属外壳的安全接地是否完好
	报警主机	是否处于正常监控、无故障状态，系统显示时间是否无误差。按下"自检"按钮，是否能清晰、完整显示信息，指示灯是否能点亮，声音报警信号是否响起
可燃气体探测报警系统	可燃气体探测器	探测器安装位置是否发生改变，周围是否存在影响探测功能的障碍物、通风设备；探测器的防爆措施、保护措施是否破损等；使用标准检测气源，模拟产生可燃气体，查看探测器火警确认灯是否点亮；核实可燃气体报警控制器是否接收到其报警信号；模拟产生探测器连接线路短路、开路，检查控制器能否发出故障声、光报警信号，能否正确显示部位信息
	可燃气体报警控制器	测试可燃气体报警控制器自检、消音、复位功能，显示与计时功能，电源功能等是否正常；测试可燃气体报警控制器各项报警、控制、显示功能是否正常

（续表）

设施名称	巡检查项目	巡检查内容
供水水源及供水设施	消防水池	水位是否在正常位置，浮球控制阀启闭性能是否良好，取水口是否完好、有无被圈占及遮挡；寒冷地区消防水池的防冻措施是否完好有效；合用消防水池是否设有确保消防用水不被他用的措施
	消防水箱	储水量是否满足，浮球阀是否完好，出水控制阀是否开启、止回阀是否正常，水箱有无损坏，消防控制室检查消防水箱水位信息远传功能是否符合要求；寒冷地区消防水箱的防冻设施是否完好有效；合用消防水箱是否设有确保消防用水不被他用的措施
	消防水泵	(1) 消防泵组进、出水管阀门：消防泵组是否注明有系统名称和编号的标志牌；消防泵组进、出水管上对应的压力表、试水阀及防超压装置、止回阀、信号阀等是否正常；消防泵组进、出水管以及消防水池连通管上的控制阀是否锁定在常开位置，并有明显标记。泵组是否存在锈蚀、卡死等现象 (2) 消防泵组及电气控制装置工作状态：主备泵组启动及自动切换功能是否正常，主备电源自动切换功能是否正常。消防泵电气控制装置面板仪表、指示灯、所属系统标识等是否完好；消防泵电气控制柜转换开关是否置于"自动"状态，电气控制柜面板手动操作部件是否灵活，具有自动巡检功能的消防水泵电气控制柜是否具备自动巡检功能。末端配电柜是否具有双电源自动切换功能 (3) 泵房工作环境：泵房入口处挡水设施是否完好；排水设施的排水能力是否满足要求；应急照明能否连续保持正常照明的照度；操作规程、维护保养制度是否上墙并具有可操作性等
	消防增压稳压设施	气压罐及组件是否齐全，是否存在锈蚀、缺损情况，阀门是否处于正常状态，泵组电气控制箱是否处于"自动"状态，补水功能是否正常，主备泵组启动及自动切换功能是否正常，主备电源自动切换功能是否正常
	消防水泵接合器	相关组件是否完好有效，是否被埋压、圈占、遮挡、损坏，标识是否明显，是否标明供水系统的类型及供水范围，是否便于消防车停靠供水；检查周围消防水源、操作场地是否完好
	管网及控制阀门	打开室外管道井，查看进户管道是否锈蚀，连接处是否有漏水、渗水现象，组件（水表、旁通管、阀门等）是否齐全。阀门是否处于完全开启状态，操作手柄是否完好
	天然水源	最低水位是否符合要求，取水口有无被淤泥淹没现象

（续表）

设施名称	巡检查项目	巡检查内容
消火栓给水系统	室外消火栓设备	是否被埋压、圈占、遮挡，标志是否明显，是否便于消防车停靠使用，组件是否缺损，栓口是否存在漏水现象；地下室外消火栓井周围及井内是否积存杂物、防冻措施是否完好
	室内消火栓设备	（1）标志是否醒目、清晰，消火栓箱内水枪、水带、消火栓、报警按钮等是否完好，消防软管卷盘胶管有无粘连、开裂，与小水枪、阀门等连接是否牢固，支架转动机构是否灵活 （2）屋顶试验消火栓外观是否完好，压力表显示是否正常
自动喷水灭火系统	喷头	喷头本体是否变形，是否存在附着物、悬挂物，周围是否存在影响及时响应火灾温度的障碍物，喷头周围及下方是否存在影响洒水的障碍物
	报警阀组	报警阀组件是否齐全完整，报警阀前后的控制阀门、通向延时器的阀门是否处于开启状态；报警阀组上下压力表显示值是否相近且达到设计要求；报警阀组是否有注明系统名称和保护区域的标志
	末端试水装置	末端试水装置组件是否完整，标志是否醒目、完整；打开试验阀，检查排水措施是否畅通，观察压力表读数是否不低于0.05MPa
	压力开关	压力开关的信号模块是否处于正常工作状态，压力开关与信号模块间连接线是否处于完好状态、接头处是否牢固、保护措施是否有效
	水流指示器	水流指示器前阀门是否完全开启，标志是否清晰正确，信号阀关闭时是否能向消防控制室发出报警信号，信号模块是否处于正常工作状态，水流指示器与信号模块间连接线是否处于完好、接头处是否牢固、保护措施是否有效
气体灭火系统	控制器	观察面板上各类状态指示灯，判断系统是否处于正常运行状态，各保护区是否存在"故障"指示；"紧急启动"按钮防误操作措施是否完好
	储瓶间	储瓶间标志是否醒目，通风措施是否完好，是否堆放杂物，照明、监控装置是否能正常工作
	灭火剂瓶组	气体瓶组、装置外观是否存在锈蚀，组件是否完整，标志标示是否清晰，瓶组安装是否牢固，组件之间连接是否松脱等，灭火剂钢瓶是否存在未检验、达到报废年限现象，集流管上安装的安全泄压阀是否完好，启动管道连接是否完好、严密，使用储罐储存灭火剂的应检查其制冷装置是否正常工作，安全阀出口是否通畅，保温措施是否完好，查看称重检漏装置是否处于工作状态、查看装置显示情况判断灭火剂存量是否满足设计要求

（续表）

设施名称	巡检查项目	巡检查内容
气体灭火系统	钢瓶组件	连接瓶头阀的高压软管、启动管路是否连接紧密，瓶头阀限位措施是否处于正常松开状态，使用专用工具打开压力表进气阀，查看指针是否处于绿色区域
	选择阀及驱动装置	选择阀组件是否完整，标志是否醒目，防护区标志是否与其相对应；与选择阀相连接的管道是否松脱，手动操作机构是否灵活；驱动装置组件是否完整、保护区域标志是否醒目、完整
	喷嘴及管网	喷嘴与管道的连接是否完好、喷嘴是否被遮挡、拆除；管道上安装的信号反馈装置是否完好、预制灭火系统的灭火装置喷嘴前 2m 是否有阻碍气体释放的障碍物
	防护区	入口处灭火系统防护标志是否设置且完好，声光报警器、放气门灯是否完好，防护区是否发生面积、容积、建筑构件材料等方面的改变，使用性质是否发生改变，防护区联动设备和机械排风设备是否处于自动运行、联动状态，专用空气呼吸器是否完好
防烟排烟系统	控制装置	系统控制柜的标志是否醒目，仪表、指示灯是否正常显示，有关按钮、开关操作是否灵活，消防联动控制线路保护措施是否完好、控制模块是否处于工作状态
	主要组件	(1) 主要组件标识是否醒目，是否在位、齐全完好，是否处于正常状态，手动、电动开启，操作是否灵活，手动复位，动作和信号反馈情况是否正常 (2) 排烟竖井的标志是否醒目、完好，有无变形、缺损，竖井进气口、排烟口周围是否存在影响烟气流通的障碍物，风口标志是否醒目，是否处于正常状态，新风入口周围是否存在影响空气流通的障碍物、能被吸附的杂物等

（续表）

设施名称	巡检查项目	巡检查内容
消防应急照明和疏散指示标志	应急灯具	外观是否破损；灯具产品标志、消防产品身份信息标志是否清晰齐全；工作状态指示是否正常；埋地安装的消防应急灯具保护措施是否完好
	疏散指示标志	（1）在顶棚下方的标志灯具周围是否存在影响观察的悬挂物、货物堆垛等 （2）在门两侧的标志灯具是否存在被开启的门扇或其他装饰物品、装修隔断遮挡的现象 （3）在疏散走道的标志灯具，面板是否存在被涂覆、遮挡、损坏等现象 （4）埋地安装的标志灯具，其金属构件是否锈蚀，面板罩内是否有积水、雾气，其突出地面部分是否影响人员疏散，有遥控试验按钮的还应检查其遥控试验功能是否正常、有效 （5）使顺序闪亮形成导向光流的标志灯转入应急工作状态，其光流导向是否与实际的疏散方向相同
	应急照明控制器	是否处于无故障工作状态，按下"自检"按钮，指示灯、显示器、音响器件是否处于完好状态，控制器周边是否存在影响操作、维护、检修的障碍物，开关、按钮的操作是否灵活
	蓄光型疏散指示标志	标志牌固定是否牢固，牌面是否破损、模糊、有污损等，是否被其他物品遮挡，标志牌指示方向是否正确、有效，标志牌周边是否存在影响其吸收光能量的障碍物
消防应急广播系统		系统各组件是否齐全、处于无故障运行状态，仪表、指示灯是否能正常显示，扬声器是否完好、牢固，扬声器周围是否存在影响声音传播的障碍物
消防专用电话		（1）电话总机是否处于无故障状态，"自检"时仪表、指示灯、显示器件等是否能正常工作 （2）电话分机组件是否齐全、外观是否有缺陷，手柄与机身连接线是否完好、连接是否牢固 （3）电话手柄、电话插孔外观是否完好，连接线端部接头是否牢固

（续表）

设施名称	巡检查项目	巡检查内容
消防电梯		（1）首层电梯层门的上方或附近是否设置"消防电梯"的标志，标志是否醒目、完好 （2）消防电梯前室的通道上是否有影响人员、消防器材及装备进入的障碍物，轿厢内部是否采用了可燃装修，是否设置消防电话；"消防员开关"保护措施是否完好，电梯配电箱的双电源转换装置是否处于"自动"工作状态，紧急救援器具是否齐全、完好，相关操作规程是否清晰、完整，消防电梯井排水措施是否处于无故障工作状态
防火分隔设施	防火门	（1）防火门标志、开启方向提示标志是否醒目，是否存在影响开启的障碍物；常闭式防火门是否存在使用插销、门吸等物件使其处于常开启状态；常开式防火门是否采用插销将门扇固定在开启位置；防火门闭门器、顺序器等是否按规定安装并保持完好 （2）闭门器、顺序器、铰链、锁具等组件是否齐全完好；门扇是否完好、无缺陷，膨胀型密封条是否脱落、缺损；门扇上防火玻璃是否完好、无缺损；具有电动开启功能的防火门的电动操作说明、开启按钮标志是否醒目完好；具有出入控制功能的防火门，应急开启措施是否有效并便于操作
	防火卷帘	（1）卷帘下方是否存在影响卷帘门正常下降的障碍物，地面是否标注出醒目的警示标识，防火材料封堵是否保持完好，现场控制盒是否完好，标志是否醒目，周围是否存在影响操作的障碍物，手动应急操作的链条是否方便取用 （2）控制器是否处于无故障状态，其仪表、指示灯、按钮、开关等器件是否能正常工作。安装于卷帘门两侧的火灾探测器是否完好，周围是否存在影响探测功能的障碍物
	防火阀	防火阀标志是否醒目、清晰，防火阀与风管连接处是否脱落、松动

（续表）

灭火器	灭火器外观	（1）铭牌是否清晰，铭牌上关于灭火剂、灭火级别、生产日期、维修日期，以及操作说明等标志是否齐全、清晰 （2）灭火器组件是否齐全、有无脱落或损伤，保险装置是否损坏，喷射软管是否完好，有无明显龟裂，喷嘴是否堵塞，筒体是否无明显的损伤，驱动气体压力是否在工作压力范围内 （3）灭火器是否达到送修条件和维修年限，是否达到报废条件和报废年限
	设置位置状况	（1）设置位置是否明显且便于取用，是否放置在配置图表规定的设置点位置 （2）灭火器周围是否有障碍物、遮挡等影响取用的现象，是否有防雨、防晒等保护措施

三、消防设施的维修保养

根据《消防法》等法律、法规的规定，宾馆、饭店相关单位应对设置的消防设施按表4-2定期进行全面维护保养，发现消防设施存在问题和故障，应立即进行维修，确保完好有效。

表4-2　消防设施维护保养周期和主要内容

设施名称	维护保养周期	主要内容
火灾自动报警系统	季度检查	（1）分期分批试验探测器的动作及确认灯显示 （2）试验火灾警报装置的声光显示 （3）试验水流指示器、压力开关等报警功能、信号显示 （4）主电源和备用电源自动切换试验 （5）自动或手动检查室内消火栓、自动喷水、气体等灭火系统的控制设备的控制显示功能
	年度检查	（1）全部探测器和手动报警装置试验检查 （2）自动和手动打开排烟阀、关闭电动防火阀检查 （3）全部电动防火门、防火卷帘的试验检查 （4）强制切断非消防电源功能试验 （5）其他有关的消防控制装置功能试验
	年度维修	（1）点型感烟火灾探测器投入运行2年后，应每隔3年至少全部清洗一遍 （2）对采样管道进行定期吹洗

（续表）

设施名称	维护保养周期	主要内容
消防给水及消火栓系统	日检查	（1）对稳压泵的停泵启泵压力和启泵次数等进行检查 （2）对柴油机消防水泵的启动电池的电量进行检测 （3）对水源控制阀进行外观检查 （4）在冬季每天应对消防储水设施进行室内温度和水温检测，当结冰或室内温度低于5℃时，应采取确保不结冰和室温不低于5℃的措施
	周检查	（1）检查储油箱的储油量 （2）模拟消防水泵自动控制的条件自动启动消防水泵运转，且记录自动巡检情况 （3）检查消火栓配套器材是否保持完好有效，是否遮挡
	月检查	（1）对消防水池、高位消防水箱等消防水源的水位进行检测 （2）手动启动柴油机消防水泵运行 （3）手动启动消防水泵运转，并检查供电电源的情况 （4）对气压水罐的压力和有效容积等进行检测 （5）对系统上所有控制阀门的铅封、锁链进行检查，确定其铅封或锁链固定在开启或规定的状态，当有破坏或损坏时应及时修理更换 （6）对减压阀组进行放水试验，并应检测和记录减压阀前后的压力，当不符合设计值时应采取满足系统要求的调试和维修等措施 （7）对电动阀和电磁阀的供电和启闭性能进行检测 （8）在市政供水阀门处于完全开启状态时，每月对倒流防止器的压差进行检测
	季度检查	（1）监测市政给水管网的压力和供水能力 （2）对消防水泵的出流量和压力进行试验 （3）对室外阀门井中进水管上的控制阀门进行检查，并应核实其处于全开启状态 （4）对消防水泵接合器的接口及附件进行检查，并应保证接口完好、无渗漏、闷盖齐全 （5）对消火栓进行外观和漏水检查，发现有不正常的消火栓应及时更换

（续表）

设施名称	维护保养周期	主要内容
消防给水及消火栓系统	年度检查	（1）对天然河湖等地表水消防水源的常水位、枯水位、洪水位，以及枯水位流量或蓄水量等进行检测 （2）对水井等地下水消防水源的常水位、最低水位、最高水位和出水量等进行测定 （3）对系统过滤器进行排渣，检查过滤器是否处于完好状态，当堵塞或损坏时应及时检修 （4）检查消防水池、消防水箱等蓄水设施的结构材料是否完好，发现问题时应及时处理 （5）对减压阀的流量和压力进行试验 （6）入冬前检查消火栓的防冻设施是否完好 （7）消火栓系统出水试验和联动功能试验
自动喷水灭火系统	日检查	（1）水源控制阀、报警阀组外观、报警控制装置完好状况及开闭状态的检查 （2）电源接通状态、电压情况巡检
	周检查	不带锁定的明杆闸阀、方位蝶阀等阀类的开启状态及开关后是否有泄漏现象检查
	月检查	（1）电动、内燃机驱动的消防水泵（稳压泵）启动运行测试；当消防水泵为自动控制启动时，应模拟自动控制的条件进行启动运转测试 （2）喷头完好状况、备用量及异物清除等检查 （3）系统所有的控制阀门状态及其铅封、锁链完好状况检查 （4）消防气压给水设备的气压、水位测试；消防水池、消防水箱的水位以及消防用水不被挪用的技术措施检查 （5）电磁阀启动测试 （6）信号阀启闭状态检查 （7）利用末端试水装置对水流指示器动作、信息反馈进行试验 （8）报警阀的主阀锈蚀状况，各个部件连接处渗漏情况，主阀前后压力表读数准确性，压力开关动作情况，警铃动作及铃声，排水畅通、充气装置启停，加速排气压装置排气、电磁阀动作、启动性能等情况检查 （9）过滤器的排渣、完好状态检查
	季度检查	（1）对系统所有的末端试水阀和报警阀旁的放水试验阀进行1次放水试验，并应检查系统启动、报警功能以及出水情况是否正常 （2）室外阀门井中的控制阀门开启状况及其使用性能测试

（续表）

设施名称	维护保养周期	主要内容
自动喷水灭火系统	年度检查	（1）水源供水能力测试 （2）消防泵流量监测 （3）水泵接合器通水加压测试 （4）储水设备完好状态检查 （5）系统联动测试
气体灭火系统	月检查	（1）灭火剂储存容器、选择阀、单向阀、高压软管、集流管、启动装置、管网与喷嘴、压力信号器、安全泄压阀及检漏报警装置等系统全部组件外观检查，确保系统的所有组件应无碰撞变形及其他机械损伤，表面应无锈蚀，保护层应完好，铭牌应清晰，手动操作装置的防护罩、铅封和安全标志应完整 （2）气体灭火系统组件的安装位置检查，其不得有其他物件阻挡或妨碍其正常工作 （3）检查驱动控制盘面板上的指示灯，其应正常，各开关位置应正确，各连线应无松动现象 （4）检查火灾探测器表面，其应保持清洁，无任何干扰或影响火灾探测器探测性能的擦伤、油渍及油漆 （5）检查气体灭火系统储存容器内的压力，气动型驱动装置的气动源的压力
	季度检查	（1）可燃物的种类、分布情况，防护区的开口情况检查，其应符合设计规定 （2）储存装置间的设备、灭火剂输送管道和支、吊架的固定检查，其应无松动 （3）连接管检查，其应无变形、裂纹及老化 （4）喷嘴孔口检查，其应无堵塞 （5）高压二氧化碳储存容器称重检查，其灭火剂净重不得小于设计储存量的90%
	年度检查	（1）进行电控部分的联动试验，其应启动正常 （2）对每个防护区进行模拟自动喷气试验 （3）对高压二氧化碳、三氟甲烷储存容器进行称重检查，其灭火剂净重不得小于设计储存量的90% （4）预制气溶胶灭火装置有效期限检查 （5）泄漏报警装置报警定量功能试验 （6）主用量灭火剂储存容器切换为备用量灭火剂储存容器的模拟切换操作试验

（续表）

设施名称	维护保养周期	主要内容
气体灭火系统	5年后维修	（1）每3年应对金属软管（连接管）进行水压强度试验和气密性试验 （2）对释放过灭火剂的储瓶、相关阀门等部件进行水压强度和气体密封性试验
防烟排烟系统	月检查	（1）手动或自动启动防烟、排烟风机试运转，检查有无锈蚀、螺丝松动 （2）手动或自动启动、复位挡烟垂壁试验，检查有无升降障碍 （3）手动或自动启动、复位排烟窗试验，检查有无开关障碍 （4）检查供电线路有无老化，双回路自动切换电源功能等
防烟排烟系统	季度检查	对防烟、排烟风机、活动挡烟垂壁、自动排烟窗进行功能检测启动试验及供电线路检查
防烟排烟系统	半年检查	对全部排烟防火阀、送风阀或送风口、排烟阀或排烟口进行自动和手动启动试验
防烟排烟系统	年度检查	（1）对全部防烟、排烟系统进行联动试验和性能检测，其联动功能和性能参数应符合原设计要求 （2）采用无机玻璃钢风管时，应对风管质量进行检查，确保风管表面光洁、无明显泛霜、结露和分层现象
消防应急照明和疏散指示标志	月检查	（1）检查消防应急灯具，如果发出故障信号或不能转入应急工作状态，应及时进行维修或者更换 （2）检查应急照明集中电源和应急照明控制器的状态，如果发现故障声光信号应及时进行维修或者更换
消防应急照明和疏散指示标志	季度检查	（1）检查消防应急灯具、应急照明集中电源和应急照明控制器的指示状态 （2）检查应急工作时间 （3）检查转入应急工作状态的控制功能
消防应急照明和疏散指示标志	年度检查	（1）对电池做容量检测试验 （2）对应急功能进行试验 （3）试验自动和手动应急功能，进行与火灾自动报警系统的联动试验

（续表）

设施名称	维护保养周期	主要内容
灭火器	送修	（1）灭火器的维修期限：对于水基型灭火器，其出厂期满3年应送修，首次维修以后每满1年应送修；对于干粉灭火器、洁净气体灭火器和二氧化碳灭火器，其出厂期满5年应送修，首次维修以后每满2年应送修 （2）存在机械损伤、明显锈蚀、灭火剂泄漏、被开启使用过或符合其他维修条件的灭火器应及时进行维修
	报废	（1）灭火器自出厂日期算起，达到以下规定年限的应报废：对于水基型灭火器，其报废期限为6年；对于干粉灭火器、洁净气体灭火器，其报废期限为10年；对于二氧化碳灭火器和贮气瓶，其报废期限12年 （2）灭火器不到报废年限但有下列情况之一者应报废：永久性标志模糊，无法识别；气瓶（筒体）被火烧；气瓶（筒体）严重变形；气瓶（筒体）外部涂层脱落面积大于气瓶（筒体）总面积的1/3；气瓶（筒体）外表面、连接部位、底座有腐蚀的凹坑；气瓶（筒体）有锡焊、铜焊或补缀等修补痕迹；气瓶（筒体）有锈屑或内表面有腐蚀的凹坑；水基型灭火器筒体内部的防腐层失效；气瓶（筒体）的连接螺纹有损伤；气瓶（筒体）水压试验不符合要求的；不符合消防产品市场准入制度的；由不合法的维修机构维修过的；法律、法规明令禁止使用的

第三节　消防控制室的设置与管理

消防控制室是用于接收、显示、处理火灾报警信号，监控相关消防设施的专门处所，是最重要的消防设备用房。

一、消防控制室的设置原则

根据现行《建筑设计防火规范》（GB 50016）的规定，设置火灾自动报警系统和需要联动控制的消防设备的建筑（群）应设置消防控制室。

二、消防控制室的设备配置及监控要求

（一）设备配置

消防控制室内设置的消防设备应包括火灾报警控制器、消防联动控制器、消防控制室图形显示装置、消防电话总机、消防应急广播控制装置、消防应急照明和疏散指示系统控制装置、消防电源监控器等设备，或具有相应功能的组合设备，如图 4-7 所示。

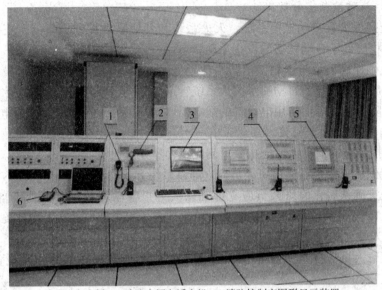

1.消防应急广播　2.消防专用电话主机　3.消防控制室图形显示装置
4.消防联动控制器　5.火灾报警控制器　6.消防外线电话
图 4-7　消防控制室内控制设备的组成

（二）监控功能及要求

1. 消防控制室内设置的消防设备应能监控并显示建筑消防设施运行状态信息，并应具有向城市消防远程监控中心（以下简称监控中心）传输这些信息的功能。

2. 消防控制室内应能够及时向监控中心传输消防安全管理信息。

3. 具有两个及两个以上消防控制室时，应确定主消防控制室和分消防控制室。主消防控制室的消防设备应对系统内共用的消防设备进行控制，并显示其状态信息；主消防控制室内的消防设备应能显示各分消防控制室内消防设备的状态信息，并可对分消防控制室内的消防设备及其控制的消防系统和设备进行控制；各分消防控制室的消防设备之间可以互相传输、显示状态信息，但不应互相控制。

三、消防控制室的值班、管理及应急程序

（一）消防控制室值班时间和人员要求

1. 消防控制室实行每日 24h 专人值班制度。每班工作时间为 8h，每班人员不少于 2 人。

2. 消防控制室值班人员应通过消防行业特有工种职业技能鉴定，持有初级技能以上（含，下同）等级的消防设施操作员国家职业资格证书；并能熟练操作消防设施。值班人员对火灾报警控制器进行检查、接班、交班时，应填写《消防控制值班记录表》相关内容。值班期间每 2h 记录一次消防控制室内消防设备的运行情况，及时记录消防控制室内消防设备的火警或故障情况。

（二）消防控制室管理

1. 应确保火灾自动报警系统、灭火系统和其他联动控制设备处于正常工作状态，不得将应处于自动状态的设在手动状态。

2. 应确保高位消防水箱、消防水池、气压水罐等消防储水设施水量充足，确保消防泵出水管阀门、自动喷水灭火系统管道上的阀门常开；确保消防水泵、防排烟风机、防火卷帘等消防用电设备的配电柜启动开关处于自动位置（通电状态）。

（三）消防控制室的值班应急程序

消防控制室的值班人员应按照下列应急程序处置火灾：

1. 接到火灾警报后，值班人员应立即以最快方式确认。

2. 火灾确认后，值班人员应立即确认火灾报警联动控制开关处于自动状态，同时拨打 119 报警，报警时应说明着火单位地点、起火部位、着火物种类、火势大小、报警人姓名和联系电话。

3. 值班人员应立即启动单位内部灭火和应急疏散预案，并同时报告单位负责人。

练习题

1. 简述哪些宾馆、饭店建筑或场所应设置火灾自动报警系统。

2. 简述哪些宾馆、饭店建筑应设置高位消防水箱。

3. 简述哪些宾馆、饭店建筑应设置水泵接合器。

4. 简述哪些宾馆、饭店建筑应设置室内消火栓系统。

5. 何谓自动喷水灭火系统？哪些高层宾馆、饭店建筑或场所应设置自动喷水灭火系统？

6. 何谓防烟与排烟系统？宾馆、饭店建筑的哪些场所或部位应设置防烟系统？

7. 宾馆、饭店建筑的哪些部位应设置消防应急照明？

8. 简述消防设施维护管理的基本要求。

9. 简述灭火器的日常巡查和检查的项目及内容。

10. 简述自动喷水灭火系统月检查的内容。

11. 简述消防控制室的值班应急程序。

12. 结合火灾案例谈谈宾馆、饭店设置消防设施的重要性。

第五章　宾馆、饭店消防安全检查

消防安全检查包括防火巡查与检查，其目的是及时发现消防安全违法行为和消除火灾隐患，确保所制定的相关消防安全管理制度和操作规程得到落实，从而有效地预防和遏制火灾事故。因此，宾馆、饭店应依据《消防法》和公安部令第 61 号的相关规定，开展防火巡查与检查。

第一节　防火巡查

防火巡查是单位组织相关专、兼职消防人员，每日按照一定的频次和路线在有关区域内巡视检查消防安全重点部位、重点区域及周围的各种消防安全状态，及时解决消防安全问题、纠正各种消防安全违法行为和消除火灾隐患的一种检查形式。通过全天候、全方位的安全巡查，将火灾事故消灭在萌芽状态。

一、防火巡查的频次及要求

（一）防火巡查的频次

1. 宾馆、饭店在营业期间的防火巡查应当至少每 2h 一次；营业结束时应当对营业现场进行一次检查，消除遗留火种。

2. 宾馆、饭店非营业期间，属于消防安全重点单位的应当进行每日防火巡查，其他单位可以根据需要组织防火巡查。

3. 设有消防控制室的宾馆、饭店应当落实专人每日对建筑消防设施进行巡查。

（二）防火巡查的要求

1. 防火巡查应事先确定巡查的人员、内容、部位和频次。

2. 防火巡查人员应当及时纠正违章行为，妥善处置火灾危险，无法当场处置的，应当立即报告。发现初起火灾应当立即报警并及时扑救。

3. 防火巡查应当填写相应的巡查记录，并且巡查人员及其主管人员应当在巡查记录上签名。

4. 防火巡查宜采用电子寻更设备、物联网智慧消防监控系统等先进技术手段，对宾馆、饭店内的消防设施、电气线路、燃气管道、疏散楼梯等进行实时自动巡查。

二、防火巡查的内容

（一）用火、用电有无违章情况

1. 违章用火的情形主要有：

（1）宾馆、饭店在营业期间动火施工；在具有火灾、爆炸危险的场所吸烟、使用明火。

（2）进行电焊、气焊等具有火灾危险作业的人员，无持证上岗，且不遵守消防安全操作规程。

（3）因施工等特殊情况需要动用明火作业的，未按照规定事先办理审批手续，动火施工现场未落实相应的消防安全措施。

（4）宾馆、饭店营业结束时未对营业现场进行检查，有火种遗留。

（5）采用电取暖或照明设备，与可燃物之间未采取防火隔热措施。

（6）厨房操作间明火作业期间，无人员现场值守；炉灶等使用完毕后，未将炉火熄灭。

2. 违章用电的情形主要有：

（1）擅自架设、拉接临时线路。

（2）私自改装供用电设施，擅自增加用电设备。

（3）电气线路导线相互连接处或导线与用电设备连接处不牢固、松动，存在因漏雨、受潮、烘烤或老化等原因导致导线外皮损坏，甚至裸线外露的现象。

（4）配电线路穿越通风管道内腔或未穿金属导管保护的配电线路直接敷设在通风管道外壁上。

（5）电气线路穿越或敷设在燃烧性能为 B_1 或 B_2 级的保温材料中。设置开关、插座等电器配件的部位周围未采取不燃隔热材料进行防火隔离等保护。

（6）配电线路敷设在有可燃物的闷顶、吊顶内时，未采取穿金属导管、采用封闭式金属槽盒等防火保护措施。

（7）电气设备与周围可燃物未保持一定的安全距离，电气设备附近堆放有易燃、易爆和腐蚀性物品，在架空线上放置或悬挂物品。

（8）电气设备超负荷运行或带故障使用，电气设备的保险丝违反禁令加粗或者用其他金属代替。

（9）开关、插座和照明灯具靠近可燃物时，未采取隔热、散热等防火措施。

（10）可燃材料仓库内使用卤钨灯等高温照明灯具，库内敷设的配电线路，未穿金属管或用非燃硬塑料管保护，库内使用电热器具，配电箱及开关未设置在仓库外。

（11）配电盘直接安装在可燃材料上，下方及周围堆放可燃物。

（12）用电设备的电源插头与固定插座的结合不紧密，周围堆放可燃物；移动式插座放置在可燃物上，并串接使用；多个大功率电器同时使用同一个插座。

（13）宾馆、饭店营业结束时，未切断营业场所的非必要电源。

（二）安全出口、疏散通道是否畅通，安全疏散指示标志、应急照明是否完好

1. 安全出口、疏散通道不畅通的情形主要有：

（1）在营业期间将安全出口上锁、遮挡。安全出口标志不醒目、不完好，标志周围设置了影响观察的障碍物。

（2）平时控制人员随意出入的疏散门不能确保火灾时不使用钥匙等工具从内部方便打开，设置的使用提示标识不醒目、损坏、被遮挡。

（3）疏散通道存在被占用、堵塞、封闭的现象。

（4）疏散通道墙面或顶部放置影响人员正常行走的突出构件或其他悬挂物品。

（5）在疏散通道上设置临时摊位，存在占道经营行为。

（6）常闭防火门未保持常闭状态，未在其明显位置设置"保持防火门关闭"等提示标志；防火门未保持完好有效、配件不齐全。

（7）疏散楼梯间防烟室、休息平台、梯段处堆放影响人员疏散的物品。

（8）避难层（间）被占用、堆放物品。

（9）辅助逃生疏散设施被拆除、挪用和损坏，设置位置周边存放影响取用、使用器材的障碍物。

（10）存在其他影响安全疏散的行为。

2. 安全疏散指示标志、应急照明存在不完好的情形主要有：

（1）损坏、挪用或者擅自拆除、停用消防应急照明和疏散指示标志。

（2）消防应急灯具的安装不牢固，与供电线路之间使用插头连接。

（3）消防应急灯具处于主电工作状态时，绿灯不点亮；处于故障状态，黄灯不点亮；处于充电状态，红灯不点亮指示不正常。

（4）埋地安装的消防应急灯具，其保护措施不完好。

（5）非集中型消防应急灯具、应急照明集中电源应急灯具不能自动转入应急工作工况，或应急转换时间超过5s。

（6）消防应急照明灯具周围存在影响光线照射的障碍物；消防应急标志灯具，面板被涂覆、变更，灯具周围存在影响观察的障碍物。

（7）消防应急照明集中电源处于障碍状态，转换开关未处于"自动"模式，控制柜周边存在影响操作、维护、检修的障碍物。

（8）应急照明集中电源的输出支路上连接有除消防应急照明和疏散指示系统以外的其他负荷。

（9）消防应急照明控制器未处于无障碍工作状态，控制柜周边存在影响操作、维护、检修的障碍物。

（10）蓄光型疏散指示标志牌表面破损、模糊，被其他物品遮挡，周边放置影响其吸收光能量的障碍物。

（三）消防设施、器材和消防安全标志是否在位、完整

1. 消防设施、器材存在不在位、完整的情形主要有：

（1）存在损坏、挪用或者擅自拆除、停用消防设施、器材的现象。

（2）火灾自动报警系统、自动灭火系统和其他联动控制设备未处于正常工作状态，将应处于自动状态的设在手动状态。

（3）高位消防水箱、消防水池、气压水罐等消防储水不充足；高位消防水箱出水管上的阀门，消火栓泵和喷淋泵进出水管上的阀门，以及自动喷水灭火系统、消火栓系统管道上的阀门未保持常开，系统有漏水渗水现象。

（4）消防水泵（消火栓泵、喷淋泵、稳压泵等）、防排烟风机、防火卷帘等消防用电设备的配电柜启动开关未处于自动位置（通电状态）。

（5）寒冷季节，消防水池、水箱、水系统管道的防冻措施未处于完好有效状态。

（6）消防水泵接合器被埋压、圈占、遮挡，组件不齐全，完好有效。

（7）室外消火栓被埋压、圈占、遮挡，组件不齐全，栓口有漏水现象。

（8）室内消火栓被遮挡，水带、水枪、消火栓、消火栓按钮等配件不齐全、完好。

（9）自动喷水灭火系统喷头存在附着物、悬挂物，周围存在影响及时响应火灾温度的障碍物，存在影响洒水的障碍物；末端试水装置不完整；末端试水装置压力表读数低于 0.05MPa。

（10）消防用电设备提供电源的消防供配电设施工作不正常，存在供电间断现象。

（11）火灾自动报警系统探测器不在位，表面及周边存在影响探测功能的障碍物；手动报警按钮面板不完整，周围存放影响辨识和操作的障碍物。

（12）机械防排烟系统组件不齐全完好，排烟风机周围堆放有可燃材料；送风机新风入口防护网不完好；排烟阀、防火阀格栅、盖板组件不完好；排烟风管变形破损，风管上堆放物品。

（13）灭火器被遮挡，放置不规范，铭牌朝内，周围放置影响取用的障碍物，随意改变灭火器放置位置和种类；灭火器零部件不齐全，存在松动和脱落、损失；灭火器压力指示器指针不在绿色区域；灭火器存在维修报废情况；灭火器箱上锁。

2. 消防安全标志存在不在位、损坏的情形主要有：

（1）擅自拆除、移动消防安全标志。

（2）消防安全标志未保持完整，存在脱落、损毁等现象。

（3）消防安全标志未设在与消防安全有关的醒目位置，标志的正面或其临近位置设置或张贴妨碍公共视读的障碍物。

（4）消防设施标志不清晰，且内容不准确，本体及周围存在影响辨认的障碍物。

（四）常闭式防火门是否处于关闭状态，防火卷帘下是否堆放物品影响使用

1. 常闭防火门不处于关闭状态的情形主要有：

（1）常闭防火门不处于关闭状态，存在使用插销、门吸、木楔等物件使其处于开启状态的现象。

（2）常闭防火门未在其明显位置设置"保持防火门关闭"等提示标志，标志未保持完整，或被张贴至有妨碍公共视读的障碍物附近。

（3）防火门在开启方向上存在影响开启的障碍物。

（4）防火门闭门器、顺序器、铰链、锁具等组件未保持齐全完好。

（5）防火门门扇、未保持完好、缺损，门扇、门框上安装的膨胀型密封条存在脱落现象，门框周边防火封堵不密实，存在脱落现象。

2. 防火卷帘存在影响使用的情形主要有：

（1）防火卷帘下方堆放物品影响使用。

（2）防火卷帘的导轨存在变形现象、轨道内留存阻碍卷帘下降的障碍物。

（3）防火卷帘的温控释放装置的感温元件周围存在影响探测温度的障碍物、本体被涂覆影响探测温度的障碍物。

（4）用于保护防火卷帘的洒水喷头周围存在影响喷水、探测温度的障碍物。

（五）消防安全重点部位的人员在岗情况的巡查

消防安全重点部位的人员不在岗情况的情形主要有：

1. 消防控制室未实行24h专人值班制度，每班少于2人。

2. 微型消防站值班人员不在岗在位。

3. 变配电室、柴油发电机房值班人员不在岗。

4. 燃油燃气锅炉房等部位值班人员不在岗，不熟悉管道切断阀门位置和操作方法。

5. 其他特殊场所值班人员不在位。

（六）其他消防安全情况的巡查

其他违反消防安全规定情况的情形主要有：

1. 非法携带易燃易爆危险品进入宾馆、饭店。

2. 宾馆、饭店营业期间存在超过额定人数的现象。

4. 消防车道和登高操作场地被占用、堵塞或封闭。

5. 用于防火分隔的防火墙、防火隔墙及各部位防火封堵措施被破坏。

6. 电动车停放、充电场所设置在人员住宿和疏散楼梯内，充电线路敷设不规范，未设置防止长时间充电的措施。

第二节 防火检查

防火检查是单位在一定的时间周期内、重大节日前或火灾多发季节，对单位消防安全工作涉及的方方面面进行的一种定期检查。

一、防火检查的频次及要求

（一）防火检查的频次

1. 宾馆、饭店的各部门应每周进行一次防火检查，单位应当至少每月进行一次防火检查。

2. 宾馆、饭店应当按照建筑消防设施检查维修保养有关规定的要求，每年至少应对建筑消防设施进行一次全面检测。

（二）防火检查的要求

1. 防火检查应当由单位的消防安全责任人或管理人组织，相关职能部门和专、兼职消防人员参与，填写《防火检查记录表》，相关人员应当在检查记录上签名。

2. 防火检查时应当对所有消防安全重点部位进行一次防火检查，对非重点部位进行抽查，抽查率不少于50%。

3. 防火检查要深入、细致地观察，防止图形式，走过场，分析问题要由表及里，抓住问题的实质和主要方面，并针对检查中发现的消防安全问题提出切合实际的解决办法。

4. 科学合理安排好防火检查的时间，以确保检查质量和效果。例如，在夜间最能暴露值班问题的薄弱环节，那就应该选择夜间检查值班制度的落实情况和值班人员履职情况。

二、防火检查的内容

防火检查的内容应涵盖以下方面：

1. 火灾隐患的整改情况以及防范措施的落实情况。

2. 安全出口和安全疏散通道、疏散指示标志、应急照明情况。

3. 消防车通道、消防水源情况。

4. 消防设施器材配置及有效情况。

5. 用火、用电有无违章情况。

6. 重点工种人员以及其他员工消防知识的掌握情况。

7. 消防安全重点部位的管理情况。

8. 易燃易爆危险物品和场所防火防爆措施的落实情况以及其他重要物资的防火安全情况。

9. 消防（控制室）值班情况和设施运行、记录情况。

10. 防火巡查情况。

11. 消防安全标志的设置情况、完好有效情况。

12. 其他需要检查的内容。

三、防火检查的方法

防火检查的方法是单位消防安全责任人、消防安全管理人及消防工作归口管理职能部门专（兼）职人员，为了达到检查的目的所采取的手段和方式。防火检查时应根据检查对象的情况，可灵活运用以下方法进行检查：

（一）询问了解

为在有限的时间内了解单位消防安全管理和员工消防知识技能掌握等情况，可以通过对相关人员进行询问或测试的方法直接而快速地获得相关的信息。

1. 询问对象：一是询问各级、各岗位消防安全管理人员，了解其实施和组织落实消防安全管理工作的概况以及领导对消防工作的熟悉和重视程度；二是询问消防安全重点部位的人员，了解其培训的概况以及消防安全制度和操作规程的落实情况；三是询问消防控制室的值班、操作人员，了解其是否具备岗位能力；四是询问员工，了解其火场疏散逃生的知识和技能、报告火警和扑救初起火灾的知识和技能等掌握情况。

2. 注意事项：询问可采用随机抽查的方式，边检查、边询问、边记录情况。另外，防火检查人员应在事前做好询问准备，避免盲目性。

（二）查阅档案资料

1. 查阅内容：各项消防安全责任制度和消防安全管理制度；防火检（巡）查及消防培训教育记录；新增消防产品、防火材料的合格证明材料；消防设施定期检查记录和建筑自动消防系统全面测试及维修保养的报告；与消防安全有关的电气设备检测（包括防静电、防雷）记录资料；燃油、燃气设备安全装置和容器检测的记录资料；其他与消防安全有关的文件、资料。

2. 注意事项：查阅所制定的各种消防安全制度和操作规程是否全面并符合有关消防法律、法规的规定和实际需要，灭火和应急疏散预案是否具有合理性和可操作性，各种检查记录及值班记录的填写是否详细、规范，有关资料是否具有真实性、有效性和一致性。

（三）实地查看

可通过用眼看、手摸、耳听、鼻嗅等直接观察的方法，对以下内容进行实地查看：

1. 查看内容：疏散通道是否畅通；防火间距是否被占用；安全出口是否锁闭、堵塞；消防车通道是否被占用、堵塞；使用性质和防火分区是否改变；消防设施和器材是否被遮挡；消防设施的组件是否齐全，有无损坏，阀门、开关等是否按要求处于启闭位置；各种仪表显示屏显示的位置是否在正常的允许范围；危险品存放是否符合规定，有无泄漏；是否存在违章用火、用电、用气的行为，操作作业是否符合安全规程等。

2. 注意事项：防火检查人员必须亲临现场，查看过程中要充分发挥人的感官功能，认真细致观察。

（四）抽查测试

抽查测试主要是利用相应的仪器设备，对建筑消防设施功能进行抽查测试，查看其运行情况，确认是否有效。同时对电气设备、线路、水压等相关参数等进行测量，判定其是否符合要求，如图 5 - 1 所示。

图 5 - 1　抽查测试法

1. 测试项目：室内外消火栓压力测试，消防电梯紧急停靠测试，火灾报警器报警和故障功能测试，防火门、防火卷帘启闭测试，消防水泵启动测试等，末端试水装置测试，防排烟系统启动及排烟量、压力测试，应急照明灯具启动及照度测试，电气设备、线路负荷测试，可燃气体挥发浓度测量等。

2. 注意事项：测试应借助建筑消防设施检测等仪器设备进行抽查测试。

（五）现场演练

防火检查时，视情况还可以通过查看灭火和应急疏散预案的演练情况，检查宾馆、饭店能否按照预案确定的组织机构和人员分工，各就各位，各负其责，各尽其职，有序地组织实施初起火灾扑救和人员疏散。

1. 演练的内容：灭火行动组、通讯联络组、疏散引导组、安全防护救护组等组织机构健全情况；报警和接警处置情况；应急疏散的组织和逃生情况；员工扑救初起火灾的技能掌握情况。通讯联络、安全防护救护落实情况。

2. 注意事项：实地演练时，可采取对某消防安全重点部位进行模拟演练，检查上述各项演练内容，查看其对预案的了解熟悉情况，并对演练情况进行评估，提出加强消防安全管理的建设性意见。

第三节　火灾隐患判定与整改

"海恩法则"认为，每一起严重事故的背后，必然有29次轻微事故和300次未遂先兆，以及1000个事故隐患。无数起火灾案例表明，发生火灾都是因其存在一定的火灾隐患，不及时采取措施予以消除，而酿成火灾事故的。因此，宾馆、饭店消防安全管理人员实施消防安全检查时，应当准确认定存在的火灾隐患，并及时整改消除，以免酿成火灾事故。

一、火灾隐患的含义及分级

（一）火灾隐患的含义

火灾隐患，是指违反消防法律、法规，不符合消防技术标准，有可能引起火灾（爆炸）事故发生或危害性增大的各类潜在不安全因素，包括人的不安全行为、物的不安全状态和管理不善等。火灾隐患通常包含以下三层含义：

1. 具有直接引发火灾危险的不安全因素，如违反规定使用、储存或销售易燃易爆危险品，违章用火、用电、用气和进行明火作业等，有直接引发火灾的可能性。

2. 具有发生火灾时会导致火势迅速蔓延、扩大或者会增加对人身、财产危害的不安全因素，如建筑防火分隔、建筑结构防火等被随意改变，建筑消防设施未保持完好有效失去应有的作用等，一旦发生火灾，火势会迅速扩大，难以控制。

3. 具有发生火灾时会影响人员安全疏散或者灭火救援行动的不安全因素，如安全出口和疏散通道阻塞，缺少消防水源，消防电梯、水泵接合器不能使用等，一旦发生火灾，将导致人员无法及时疏散，造成大量人员伤亡。

（二）火灾隐患的分级

根据不安全因素引发火灾的可能性大小和可能造成的危害程度的不同，将火灾隐患分为一般火灾隐患和重大火灾隐患。

1. 一般火灾隐患，是指有引发火灾的可能，且发生火灾会造成一定的危害后果，但危害后果不严重的各类潜在不安全因素。

2. 重大火灾隐患，是指违反消防法律、法规，不符合消防技术标准，可能导致火灾发生或火灾危害增大，并由此可能造成重大、特别重大火灾事故后果和严重社会影响的各类潜在不安全因素。

二、火灾隐患的确定

在防火检查中，发现具有下列情形之一的，可以将其确定为火灾隐患：

1. 影响人员安全疏散或者灭火救援行动，不能立即改正的。

2. 消防设施未保持完好有效，影响防火灭火功能的。

3. 擅自改变防火分区，容易导致火势蔓延、扩大的。

4. 在人员密集场所违反消防安全规定，使用、储存易燃易爆危险品，不能立即改正的。

5. 不符合城乡消防安全布局要求，影响公共安全的。

6. 其他可能增加火灾实质危险性或者危害性的情形。

三、重大火灾隐患的判定

宾馆、饭店是否存在重大火灾隐患，应按照现行《重大火灾隐患判定方法》（GB 35181）的判定原则、程序和方法进行判断。

（一）重大火灾隐患直接判定

宾馆、饭店存在下列不能立即改正的火灾隐患要素之一的，可以直接判定为重大火灾隐患：

1. 宾馆、饭店所在的公共娱乐场所、地下人员密集场所的安全出口数量不足或其总净宽度小于国家工程建设消防技术标准规定值的80%。

2. 未按国家工程建设消防技术标准的规定设置自动喷水灭火系统或火灾自动报警系统。

3. 违反消防安全规定使用、储存或销售易燃易爆危险品。

4. 采用彩钢夹芯板搭建，且彩钢夹芯板芯材的燃烧性能等级低于现行《建筑材料及制品燃烧性能分级》（GB 8624）规定的 A 级。

（二）重大火灾隐患综合判定

宾馆、饭店存在下列情形的，按照综合判定方法，判断其是否存在重大火灾隐患。

1. 综合判定要素。

重大火灾隐患综合判定要素，见表 5-1。

表 5-1 重大火灾隐患综合判定要素

序号		综合判定要素
1		未按国家工程建设消防技术标准的规定或城市消防规划的要求设置消防车道或消防车道被堵塞、占用
2	总平面布置	建筑之间的既有防火间距被占用或小于国家工程建设消防技术标准的规定值的80%
3		在居住等民用建筑中从事生产、储存、经营等活动，且不符合现行《住宿与生产储存经营合用场所消防安全技术要求》（GA 703）的规定

（续表）

序号		综合判定要素
4	防火分隔	原有防火分区被改变并导致实际防火分区的建筑面积大于国家工程建设消防技术标准规定值的50%
5		防火门、防火卷帘等防火分隔设施损坏的数量大于该防火分区相应防火分隔设施总数的50%
6	安全疏散设施及灭火救援条件	建筑内的避难走道、避难间、避难层的设置不符合国家工程建设消防技术标准的规定，或避难走道、避难间、避难层被占用
7		人员密集场所内疏散楼梯间的设置形式不符合国家工程建设消防技术标准的规定
8		除宾馆、饭店重大火灾隐患直接判定要素第一项外的其他场所或建筑物的安全出口数量或宽度不符合国家工程建设消防技术标准的规定，或既有安全出口被封堵
9		按国家工程建设消防技术标准的规定，建筑物应设置独立的安全出口或疏散楼梯而未设置
10		高层建筑和地下建筑未按国家工程建设消防技术标准的规定设置疏散指示标志、应急照明，或所设置设施的损坏率大于标准规定要求设置数量的30%；其他建筑未按国家工程建设消防技术标准的规定设置疏散指示标志、应急照明，或所设置设施的损坏率大于标准规定要求设置数量的50%
11		设置人员密集场所的高层建筑的封闭楼梯间或防烟楼梯间的门的损坏率超过其设置总数的20%，其他建筑的封闭楼梯间或防烟楼梯间的门的损坏率大于其设置总数的50%
12		人员密集场所内疏散走道、疏散楼梯间、前室的室内装修材料的燃烧性能不符合现行《建筑内部装修设计防火规范》（GB 50222）的规定
13		人员密集场所的疏散走道、楼梯间、疏散门或安全出口设置栅栏、卷帘门
14		人员密集场所的外窗被封堵或被广告牌等遮挡
15		高层建筑的消防车道、救援场地设置不符合要求或被占用，影响火灾扑救
16		消防电梯无法正常运行

（续表）

序号		综合判定要素
17	消防给水及灭火设施	未按国家工程建设消防技术标准的规定设置消防水源、储存泡沫液等灭火剂
18		未按国家工程建设消防技术标准的规定设置室外消防给水系统，或已设置但不符合标准的规定或不能正常使用
19		未按国家工程建设消防技术标准的规定设置室内消火栓系统，或已设置但不符合标准的规定或不能正常使用
20		未按国家工程建设消防技术标准的规定设置除自动喷水灭火系统外的其他固定灭火设施
21		已设置的自动喷水灭火系统或其他固定灭火设施不能正常使用或运行
22	防烟排烟设施	人员密集场所、高层建筑和地下建筑未按国家工程建设消防技术标准的规定设置防烟、排烟设施或已设置但不能正常使用或运行
23	消防供电	消防用电设备的供电负荷级别不符合国家工程建设消防技术标准的规定
24		消防用电设备未按国家工程建设消防技术标准的规定采用专用的供电回路
25		未按国家工程建设消防技术标准的规定设置消防用电设备末端自动切换装置，或已设置但不符合标准的规定或不能正常自动切换
26	火灾自动报警系统	火灾自动报警系统不能正常运行
27		防烟排烟系统、消防水泵以及其他自动消防设施不能正常联动控制
28	消防安全管理	社会单位未按消防法律、法规要求设置专职消防队
29		消防控制室值班人员未按现行《消防控制室通用技术要求》（GB 25506）的规定持证上岗
30	其他	违反国家工程建设消防技术标准的规定使用燃油、燃气设备，或燃油、燃气管道敷设和紧急切断装置不符合标准规定
31		违反国家工程建设消防技术标准的规定在可燃材料或可燃构件上直接敷设电气线路或安装电气设备，或采用不符合标准规定的消防配电线缆和其他供配电线缆
32		违反国家工程建设消防技术标准的规定在人员密集场所使用易燃、可燃材料装修、装饰

2. 综合判定规则。

宾馆、饭店符合下列条件应综合判定为重大火灾隐患：

（1）存在表5-1对应"安全疏散设施及灭火救援条件"中第6~13项和"防烟排烟设施"中第22项、"其他"中第30项规定的综合判定要素3条以上（含本数，下同）。

（2）存在表5－1规定的任意综合判定要素4条以上。

四、火灾隐患的整改

按照火灾隐患大小、危害程度及整改的难易程度不同，火灾隐患整改的要求也有所不同。

（一）火灾隐患立即改正

对下列违反消防安全规定的行为及存在的火灾隐患，单位应当责成有关人员立即改正并督促落实，同时改正情况应当有记录并存档备查。

1. 消防设施、器材或者消防安全标志的配置、设置不符合国家标准、行业标准，或者未保持完好有效的。

2. 损坏、挪用或者擅自拆除、停用消防设施、器材的。

3. 占用、堵塞、封闭疏散通道、安全出口或者有其他妨碍安全疏散行为的。

4. 埋压、圈占、遮挡消火栓或者占用防火间距的。

5. 违反规定使用明火作业的。

6. 在具有火灾、爆炸危险的场所吸烟、使用明火的。

7. 占用、堵塞、封闭消防车通道，妨碍消防车通行的。

8. 人员密集场所在门窗上设置影响逃生和灭火救援的障碍物的。

9. 其他应当责令立即改正的消防安全违法行为和火灾隐患。

（二）火灾隐患限期整改

1. 对不能立即改正的火灾隐患，消防工作归口管理职能部门或者专（兼）职消防管理人员应当根据本单位的管理分工，及时将存在的火灾隐患向单位的消防安全管理人或者消防安全责任人报告，提出整改方案。消防安全管理人或者消防安全责任人应当确定整改的措施、期限以及负责整改的部门、人员，并落实整改资金。在火灾隐患未消除之前，单位应当落实防范措施，保障消防安全。不能确保消防安全，随时可能引发火灾或者一旦发生火灾将严重危及人身安全的，应当将危险部位停产停业整改。

2. 对于涉及城市规划布局而不能自身解决的重大火灾隐患，以及单位确无能力解决的重大火灾隐患，应当提出解决方案并及时向上级主管部门或者当地人民政府报告。

3. 对消防救援机构责令限期改正的火灾隐患，单位应当在规定的期限内改正并写出火灾隐患整改复函，报送消防救援机构。

4. 对被公安机关消防救援机构依法责令停产停业、责令停止使用或被查封的，单位应当立即停止火灾隐患所在部位或场所的各种经营活动，并继续做好火灾隐患整改工作。经整改具备消防安全条件的，由单位提出恢复使用、营业的书面申请。经消防救援机构检查确认已经改正消防安全违法行为，具备消防安全条件的，单位方可恢复使用、营业。对火灾隐患的整改未达到要求时，应对火灾隐患重新进行评估判定、制定整改措施并继续进行整改，不具备消防安全条件的，单位不得自行恢复使用、营业。

5. 火灾隐患整改完毕，负责整改的部门或者人员应当将整改情况记录报送消防安全责任人或者消防安全管理人签字确认后存档备查。

练习题

1. 简述宾馆、饭店防火巡查的频次。
2. 简述宾馆、饭店防火巡查的内容。
3. 简述宾馆、饭店防火检查的频次。
4. 简述宾馆、饭店防火检查的内容。
5. 何谓火灾隐患，如何确定火灾隐患？
6. 宾馆、饭店存在哪些情形可直接判定为重大火灾隐患？
7. 存在哪些火灾隐患单位应当责成有关人员立即改正？
8. 某高层宾馆消防安全管理人员对其进行防火检查时发现，打开湿式系统末端试水装置时压力开关未将信号反馈消防控制室，有40%疏散指示标志损坏，消防控制室值班人员未持证上岗，KTV包房的墙壁采用聚氨酯泡沫材料进行隔音处理。试分析是否存在重大火灾隐患。

第六章　宾馆、饭店消防安全宣传与教育培训

火灾统计资料显示，发生火灾70%以上是由于员工或公众消防安全意识淡薄，存在各种违反安全操作规程和违章用火、用电、用气等违法行为，且扑救初起火灾和逃生自救的能力低下，处置不当，致使小火酿成大灾。因此，为提高人们的消防安全意识，增强抗御火灾的能力，宾馆、饭店应依据《消防法》赋予的法定职责，开展消防安全宣传与教育培训。

消防安全宣传，是指有关消防宣传教育主体，利用一切可以影响人们消防意识形态的媒介，以提高人们消防法制观念和消防安全意识，掌握各类消防常识为目的的社会行为。消防安全教育培训是一种有组织的消防知识传播的专业技术性活动，通过对特定培训对象进行培训，使其掌握从事本岗位工作必备的消防专业知识和技能。

第一节　消防安全宣传与教育培训的法定职责

宾馆、饭店开展消防安全宣传与教育培训的法定职责，除《消防法》第6条和公安部令第61号第36条对此作了原则性规定外，公安部令第109号对其应履行的具体法定职责作了如下细化规定。

一、对单位员工进行消防安全宣传与教育培训的法定职责

应当根据本单位的特点，建立健全消防安全教育与培训制度，明确机构和人员，保障教育培训工作经费，按照下列规定对员工进行消防安全教育培训：

1. 定期开展形式多样的消防安全宣传教育。

2. 对新上岗和进入新岗位的员工进行上岗前消防安全培训。

3. 对在岗的员工每年至少进行一次消防安全培训。

4. 消防安全重点单位每半年至少组织一次、其他单位每年至少组织一次灭火和应急疏散演练。

由两个以上单位管理或者使用的同一建筑物，负责公共消防安全管理的单位应当对建筑物内的单位和员工进行消防安全宣传教育，每年至少组织一次灭火和应急疏散演练。

二、对公众开展消防安全宣传教育的法定职责

宾馆、饭店等公共场所应当按照下列要求对公众开展消防安全宣传教育:

1. 在安全出口、疏散通道和消防设施等处的醒目位置设置消防安全标志、标识等。

2. 根据需要编印场所消防安全宣传资料供公众取阅。

3. 利用场所内广播、视频设备播放消防安全知识。

第二节 消防安全宣传与教育培训的对象及内容

消防安全宣传与教育培训根据类别不同,其对象和内容有所区别。

一、消防安全宣传与教育培训的类别及对象

根据《消防法》和公安部令第61号的有关规定,宾馆、饭店的下列人员和对象应分别接受一般性和专门性消防安全宣传与教育培训。

(一) 一般性消防安全宣传与教育培训及参加对象

这是指单位自身结合本单位的火灾危险性和消防安全责任,组织开展的消防宣传与教育培训。参加对象包括:

1. 消防安全重点单位的宾馆、饭店,其参加对象是在岗的每名员工。

2. 一般单位的宾馆、饭店,其参加对象是新上岗和进入新岗位的员工。

(二) 专门性消防安全教育培训及参加对象

这是指由消防救援机构或者其他具有消防安全培训资质的机构组织的专业消防安全知识和技能的培训。宾馆、饭店的下列4类人员,应当接受消防安全专门性教育培训,对消防控制室的值班人员、消防设施操作人员还要求应通过职业技能鉴定,持证上岗。

1. 单位的消防安全责任人、消防安全管理人。

2. 专、兼职消防安全管理人员。

3. 消防控制室的值班人员、消防设施操作人员。

4. 消防设施检测、维保等执业人员,电工、电气焊工等特殊工种作业人员,消防志愿人员和保安员等其他依照规定应当接受消防安全专门培训的人员。

二、消防安全宣传与教育培训的目的及内容

(一) 一般性消防安全宣传与教育培训的目的及内容

1. 一般性消防安全宣传与教育培训的目的。

一般性消防安全宣传与教育培训的目的是使单位员工熟悉基本消防法律、法规和规章制度,知晓消防工作法定职责,掌握消防安全基本知识和消防基本技能,达

到"四懂"（懂本岗位的火灾危险性、懂预防火灾的措施、懂扑救火灾的方法、懂疏散逃生的方法）和"四会"（会使用灭火器材、会报火警、会扑救初起火灾、会引导疏散逃生），以提高火灾预防、初起火灾处置及火场疏散逃生能力。

2. 一般性消防安全宣传与教育培训的内容。

一般性消防安全与教育培训的内容主要包括：有关消防法律、法规、消防安全制度和保障消防安全的操作规程；本单位、本岗位的火灾危险性和防火措施；有关消防设施的性能、灭火器材的使用方法；报火警、扑救初起火灾以及自救逃生的知识和技能，组织、引导在场群众疏散的知识和技能。具体实施时，其培训内容应当按照《大纲》中规定的消防安全基本知识、消防法规基本常识、消防工作基本要求和消防基本能力训练四个方面进行。

（二）专门性消防安全教育培训的目的及内容

1. 专门性消防安全教育培训的目的。

（1）对宾馆、饭店消防安全责任人、管理人和专职消防安全管理人员培训的目的是：使其熟悉消防法律、法规和有关消防标准，知晓消防工作法定职责，掌握消防安全基本知识和消防安全管理基本技能，提高检查消除火灾隐患、组织扑救初起火灾、组织人员疏散逃生和消防宣传教育培训能力。

（2）对宾馆、饭店从事自动消防系统操作和消防安全监测人员培训的目的是：使其熟悉消防法律、法规和有关标准，知晓消防工作法定职责，掌握消防安全基本知识和操作消防设施的基本技能，提高消防控制室值班人员管理水平和应急处置能力。

（3）对宾馆、饭店从事电工、电气焊工等人员培训的目的是：使其熟悉消防法律、法规的有关规定，知晓消防安全法定职责，掌握消防安全基本知识和电工、电气焊等作业的消防安全措施及要求，提高预防和处置初起火灾能力。

（4）对消防设施检测、维保等执业人员培训的目的是：使其熟悉消防法律、法规、规章和有关标准，知晓消防工作法定职责，掌握消防安全基本知识和相关国家工程建设消防技术标准，提高建筑消防设施施工、检测、监理和维修保养能力和水平。

（5）对消防志愿人员培训的目的是：使其熟悉消防法律、法规的有关规定，知晓消防安全法定职责，掌握消防安全基本知识和基本技能，提高防火安全检查、消防宣传、初起火灾处置和引导人员疏散的能力。

（6）对保安员培训的目的是：使其熟悉消防法律、法规、规章，知晓消防工作职责，掌握消防安全基本知识和消防安全管理要求，提高消防安全巡查检查、初起火灾扑救、引导人员疏散和消防宣传的能力。

2. 专门性消防安全教育培训的内容。

专门性消防教育培训的主要内容包括：消防安全基本知识、消防法规基本常识、消防工作基本要求和消防基本能力训练四大模块。而每一模块的具体内容，针对以上不同的培训对象有所区别，具体参见《大纲》的有关内容。

第三节　消防安全宣传与教育培训的形式及实施

一、消防安全宣传与教育培训的形式

（一）消防安全宣传的形式

宾馆、饭店开展消防安全宣传常见有以下形式：

1. 借助媒体开展。

借助电视、广播、电子显示屏和手机 APP 等媒介载体，向单位员工或旅客开展消防安全宣传是行之有效的宣传途径之一。例如，旅客入住酒店时，打开房间电视机，先播放与消防安全有关的宣传短片；可利用手机 APP 向内部员工推送消防法律、法规、日常消防常识、火灾案例等；可通过电子显示屏等向旅客介绍场所安全出口位置和疏散逃生路线，遇到火灾如何正确逃生自救等。

2. 利用培训基地开展。

通过组织员工参观体验消防科普教育场馆、消防博物馆、消防站等培训基地，开展消防安全宣传教育，其生动直观，互动性和趣味性强，是收效较为显著的一种宣传形式。

3. 召开消防安全主题宣传活动。

利用"119 消防日""5·12 防灾减灾日"和法定节假日等开展消防安全主题宣传活动，或通过定期组织召开消防安全形势分析会、消防奖惩会等方式，围绕一个主题，有针对性地对单位员工或旅客进行消防安全宣传教育。

4. 设置流动式消防宣传栏。

可在宾馆、饭店设置一些流动式消防宣传栏、墙画、宣传橱窗等，开展消防安全宣传，如在宾馆、饭店服务指南、客房部工作手册、床头温情提示卡等载体上宣传，达到普及消防安全知识的目的。

5. 开发消防文化作品。

可因地制宜，开发一些喜闻乐见的消防影视、消防文学、消防书画、防火游戏等消防文化作品，以多种形式开展消防安全宣传教育。

6. 消防形象大使。

借助消防形象大使的明星效应，由其代为宣传消防知识和法律、法规，普及消防知识，同样也是消防安全宣传教育常见的一种形式。

（二）消防安全教育培训的形式

消防安全教育培训的形式是由其培训的内容和对象决定的。通常分为：

1. 单位自身组织的一般性消防教育培训。这类培训又分为以下两种形式：

（1）按培训方式不同分：一是讲课式。主要是以办培训班的形式，在课堂上

讲授消防安全知识。二是会议式。主要有消防安全会议、专题研讨会和讲演会、火灾现场会等形式。

（2）按培训层次不同分：一是单位级消防教育培训。新员工来单位报到后，首先给他们上消防安全知识课，介绍本单位的特点、消防安全重点部位、安全规章制度等，学会使用常见灭火器材。二是部门级消防教育培训。新员工到部门后，还要介绍本部门的经营特点、具体的消防安全制度及消防设施器材分布情况等。三是岗位级教育培训。结合新员工的具体工种，介绍操作中的防火知识、操作规程，以及发现了事故苗头后的应急措施等。

2. 由消防救援机构或社会培训机构等组织的消防安全专门性教育培训。

根据《大纲》的规定，按照理论和实践相结合的原则，这类培训又分为消防安全知识的理论课和消防基本能力训练的实操课两种形式培训。

二、消防安全宣传与教育培训活动的实施

（一）消防专题宣传教育活动的实施步骤和方法

1. 拟订消防宣传教育方案。其步骤如下：一是根据当前消防工作的重点和热点，确定消防宣传教育主题；二是明确达到什么目的，实现什么效果；三是针对教育对象，确定消防宣传教育的具体内容；四是在综合考虑受教育对象的特点、教育内容、所具备的硬件设施等因素的基础上，确定消防宣传方式；五是编写方案文本，主要包括：主题和目的、地点与时间、主办方和承办方、教育内容和方式、参加人员及分工、保障措施、活动期间突发事件处理措施等；六是报领导审批，同意后方可实施。

2. 活动前准备。这主要包括：人员组织、场地落实及时间安排；制订经费预算，对宣传活动所需经费进行细致分解，报领导审批；准备宣传资料、展板，印刷和制作；调集器材装备，确定资料、展板和宣传台运送时间。

3. 组织实施。这主要包括：对场地划线、营造氛围、按同意的消防宣传方案开展活动。

4. 后期工作。这主要包括：全面总结本次宣传教育活动，视情况发通报；对活动支出经费履行相关报销手续；整理活动相关图片、音像资料，并归档。

（二）岗前消防教育培训授课实施步骤及方法

1. 制订培训计划。该计划分为长期计划、短期计划和专项计划三类，其内容通常包括：培训的宗旨、方针和目标；培训对象和人数；培训组织形式；培训具体内容、课程设置及学时分配；培训时间和教学保障要求；考核、验收和评价方案等。

2. 撰写讲稿和制作 PPT 课件。讲稿主要包括：教学科目、教学目的、教学内容及重点、教学方法、学时分配、教学要求及保障等。PPT 课件应内容完整、层次清晰、突出重点、文字简练、图文并茂。

3. 课堂授课。讲授时应做到重点突出，内容充实，案例恰当，语言生动，表达准确；评议精炼，注重实效；提纲挈领，善于归纳。

4. 模拟演练。通过模拟演示、技术示范和实际操作使受训者掌握消防设施器材使用方法和操作技能。演示时要求模拟内容生动形象、接近实物或实战；技术示范时要求动作标准规范、突出要领；实际操作时要求落实训练安全措施，采用重点辅导和自我体验相结合方式进行。

练习题

1. 简述单位对员工进行消防安全宣传与教育培训的法定职责。

2. 简述专门性消防安全教育培训的参加对象。

3. 简述一般性消防安全宣传与教育培训的内容。

4. 为什么要对宾馆、饭店的消防安全责任人和消防安全管理人进行专门性消防安全教育培训？

5. 消防安全宣传常见的形式有哪些？

6. 某宾馆拟组织全体员工开展一次以"消除火灾隐患·构建和谐社会"为主题的消防安全教育活动。如果您是此次活动的主要策划人员，请制订一份消防安全教育活动的方案。

第七章　宾馆、饭店初起火灾扑救 和火场疏散逃生

宾馆、饭店应根据《消防法》的有关规定，制订灭火和应急疏散预案，并定期组织进行有针对性的火灾报警、火场疏散逃生和初起火灾扑救的消防演练，以最大限度地减少火灾事故造成的人员伤亡和财产损失。

第一节　灭火和应急疏散预案制订与演练

灭火和应急疏散预案是针对宾馆、饭店可能发生的火灾事故及其造成的影响和后果严重程度，就灭火和应急疏散等有关问题做出预先筹划和计划安排的文书。制订灭火和应急疏散预案并开展演练，目的在于针对宾馆、饭店情况，以及设定的火灾事故的不同类型和规模，合理调动分配该场所内部员工组成的消防力量，正确采用各种固定消防设施和灭火器具，成功地实施自防自救行动，以减少火灾造成的伤亡和损失。

一、灭火和应急疏散预案的制订

（一）预案制订的依据

1. 法律、法规及制度依据。包括《消防法》、公安部令第 61 号等消防法律、法规、相关规范性文件和本场所消防安全制度等。

2. 主客观依据。客观依据，主要包括：场所的基本情况、消防安全重点部位情况等；主观依据，主要包括：旅客及员工的变化情况、消防安全素质和防火灭火技能等。

（二）预案基本内容

1. 基本概况。

（1）宾馆、饭店基本情况。包括：场所名称、地址、使用功能、建筑面积、建筑结构和主要人员情况说明等内容。

（2）宾馆、饭店消防设施情况。包括：消防设施与器材的类型、数量、型号和规格、主要性能参数、联动逻辑关系等。

（3）宾馆、饭店周边情况。包括：距离场所 300～500m 范围内有关相邻建筑、

地形地貌、道路、周边区域单位、社区、重要基础设施、水源等情况。

2. 组织机构及负责人和职责。

组织机构主要包括：火场指挥部、通讯联络组、灭火行动组、疏散引导组、安全防护救护组、现场警戒组，如图7-1所示。组织机构的设置应结合本宾馆、饭店的特点和实际情况，遵循归口管理，统一指挥，讲究效率，职责明晰，权责对等和灵活机动的原则。

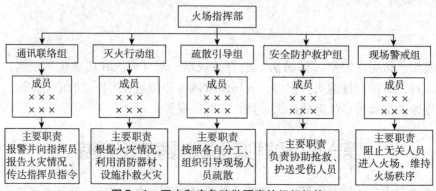

图7-1 灭火和应急疏散预案的组织机构

（1）火场指挥部。火场指挥部可设在起火部位附近或消防控制室、电话总机室，由总经理或副总经理（即消防安全责任人或消防安全管理人）担负国家综合性消防救援队到达火灾现场之前的现场指挥，其职责是指挥协调各职能小组和志愿消防队开展工作，根据火情决定是否通知人员疏散并组织实施，及时控制和扑救火灾。国家综合性消防救援队到达后，应及时向指挥员报告火场内的有关情况，按照指挥员的统一部署，协调配合国家综合性消防救援队开展灭火救援行动。

（2）通讯联络组。其任务是负责通讯联络，一方面负责与当地国家综合性消防救援队之间的通讯和联络，引导消防队准确、迅速地到达火灾地点进行处置；另一方面，负责与消防安全责任人就本场所在自防自救过程中的通讯联络，及时将火场指挥部的决定意图，传达到参与处置的各级人员。及时通报事态信息，向上级报告情况等。

（3）灭火行动组。由场所的微型消防站或志愿消防队队员组成，其任务是当火灾发生以后，根据对象的具体情况，采用正确的灭火方法，迅速利用消防器材就地进行火灾扑救，及时把火灾消除在初起阶段，或者尽最大努力，控制灾情的进一步扩大，为国家综合性消防救援队到场进行处置创造有利的条件。

（4）疏散引导组：其任务是当火灾事故发生以后，疏散引导小组人员迅速到位，一是利用广播、口头稳定人们情绪，按照疏散计划中制定的方法、顺序，沿规定的疏散路线，负责组织引导被困人员进行有序安全快速疏散到安全区域，防止拥挤踏伤；二是抢救重要物资，疏散后的物资要放在不影响消防通道和远离火场的安全地点。

（5）安全防护救护组：其主要任务是协助医护人员，抢救、护送受伤人员，为抢救生命争取宝贵的时间。

（6）现场警戒和保护组。由保安人员组成，主要任务：一是对建筑外围警戒防护。清除路障，疏导车辆和围观群众，确保消防车通道畅通。维护现场秩序，严防趁火打劫。引导消防车就位停靠，协助消防车从消防水源取水。二是建筑首层出入口防护警戒。禁止无关人员进入起火建筑，对火场中疏散的物品进行规整并严加看管，指引国家综合性消防救援人员进入起火部位。三是起火部位的安全防护。引导疏散人流，维护疏散秩序。阻止无关人员进入起火部位，防护好现场的消防器材、装备。四是火灾扑灭的现场保护。火灾扑灭后，派人保护好火灾现场，为火灾事故调查工作提供便利。

3. 火情预想。

火情预想，即针对宾馆、饭店可能发生火灾作出的有根据且符合实际的设想，其内容如下：

（1）消防安全重点部位和主要起火点。同一重点部位，可假设多个起火点。

（2）起火物品及蔓延条件，燃烧范围和主要蔓延的方向。

（3）可能造成的危害和影响、火情发展变化趋势、可能造成的严重后果等。

（4）火灾发生的时间段，如白天和夜间、营业期间和非营业期间。

（5）灾情等级设置。按照火灾事故的性质、严重程度、可控性和影响范围等因素，将预案分成特别重大（Ⅰ级）、重大（Ⅱ级）、较大（Ⅲ级）、一般（Ⅳ级）共四个级别。

（6）力量调集设置。根据灾害等级，合理调集灭火力量，通常要求：Ⅳ级火情，1min 内形成由起火部位现场员工组成的第一灭火力量；Ⅲ级火情，3min 内形成由灭火和应急疏散预案规定的各行动小组组成的第二灭火力量；Ⅱ级火情，5~10min 内由一个国家综合性消防救援队到达火灾现场后形成灭火救援的第三灭火力量；Ⅰ级火情，10min 后由两个或两个以上国家综合性消防救援队到场后形成的第四灭火力量。

4. 报警和接警处置程序。

（1）报警程序。分为：一是向周围人员报警，主要通过喊话，按火灾报警按钮或打内线电话的方式进行报警；二是向国家综合性消防救援队拨打 119 电话报警。

（2）接警处置程序。分为：一是单位内部接警。接警后，首先调动人员，按计划有序组织被困人员疏散，同时进行初起火灾扑救，并启动有关消防设施，如消防应急广播、消防水泵、防火卷帘、排烟风机、消防电梯，切断非消防电源等。二是消防救援队接警。接警后，通过询问情况，调动相应消防车辆装备前往火场进行救援，并根据火场火势大小，视情况调动消防增援力量及社会联动力量。

5. 应急疏散的组织程序和措施。

宾馆、饭店应结合本单位实际，在预案中应当明确发生火灾后，如何通知相关人员、如何组织引导人员疏散以及贵重物品的转移等程序和措施。

6. 扑救初起火灾的程序和措施。

发现火灾后，为确保火场指挥部、各行动小组迅速集结，按照职责分工，进入相应位置，及时有效地扑灭初起火灾，预案中还应当明确火灾现场指挥员如何组织人员，如何利用灭火器材迅速扑救火灾，并视火势蔓延的范围启动建筑消防设施，协助消防人员做好火灾扑救工作的程序和措施。

7. 通讯联络的程序和措施。

通讯联络预案中应当明确如何利用电话、对讲机等建立有线、无线通讯网络，确保火场信息传递畅通。火场指挥部、各行动组、各消防安全重点部位应确定专人负责信息传递，保证火场指令得到及时传递、落实。必要时，还可指明重要的信号规定及标志的式样。

8. 现场警戒与安全防护救护的程序和措施。

（1）预案中应明确采取何种程序和措施对现场进行警戒管制，禁止无关人员车辆进入或靠近事故地点，保证现场周围救援通道的畅通无阻，维持火场秩序。

（2）预案中应明确安全防护救护的程序和措施：一方面是如何协助医护人员，抢救、护送受伤人员的程序及措施。另一方面是明确不同区域的人员应分别采取的最低防护等级、防护手段和防护时机。

（四）预案制订程序与绘制

1. 制订程序。

（1）确定范围，明确重点保卫对象和部位。

（2）调查研究，收集资料。

（3）科学计算，确定所需人员力量和器材装备。

（4）确定灭火和应急行动意图，战术与技术措施。

（5）报请单位有关部门和领导，进行审核批准。

2. 绘制要求。

绘制灭火和应急疏散预案图时，应针对火情预想部位，详细准确，图文并茂，标注明确，直观明了，将场所内的疏散通道、安全出口、灭火设施和器材分布位置，灭火进攻的方向，消防装备停放位置，消防水源，人员、物资疏散路线，物资放置、人员停留地点以及指挥员位置等，在图中醒目标识出来，并且火情预想部位及周围场所的名称应与实际相符。

3. 预案基本格式及标识。

（1）基本格式。包括：封面（应含有：标题、单位名称、预案编号、实施日期、签发人和公章）；目录；引言、概况；术语和符号；预案内容；附录。

（2）标识。根据火灾事故严重程度划分为Ⅰ级（特别重大）预案、Ⅱ级（重大）预案、Ⅲ级（较大）预案、Ⅳ级（一般）预案，在图中应分别用红色、黄色、橙色和蓝色标识进行区分。

（五）预案实施程序

当确认发生火灾后，应立即启动灭火和应急疏散预案，并同时开展下列工作：

1. 向国家综合性消防救援队报火警。

2. 当班人员执行预案中的相应职责。

3. 组织和引导人员疏散，营救被困人员。

4. 使用灭火器、消火栓等灭火器材设施扑救初起火灾。

5. 派专人接应消防车辆到达火灾现场。

6. 保护火灾现场，维护现场秩序。

二、灭火和应急疏散预案的演练

宾馆、饭店应按照所制订的灭火和应急疏散预案，至少每半年组织开展一次演练。

（一）预案演练目的

1. 检验各级消防安全责任人、管理人、各职能组和有关人员对灭火和应急疏散预案内容、职责的熟悉程度。

2. 检验人员安全疏散、初起火灾扑救、消防设施使用等情况。

3. 检验本单位在紧急情况下的组织、指挥、通讯、救护等方面的能力。

4. 检验灭火与应急疏散预案的实用性和可操作性。

（二）预案演练的准备

灭火和应急疏散预案演练之前，应当做好下列准备工作：

1. 成立演练领导机构。

演练领导机构是演练准备与实施的指挥部门，对演练实施全面控制，其主要职责是：确定演练目的、原则、规模、参演的单位；确定演练的性质和方法；选定演练的时间、地点，协调各参演单位之间的关系；确定演练实施计划、情况设计与处置预案；审定演练准备工作计划；检查与指导演练准备工作，解决准备与实施过程中所发生的重大问题；组织演练；总结评价。

2. 制订演练计划。

（1）确定举办应急演练的目的、演练要解决的问题和期望达到的效果等。

（2）分析演练需求，确定参演人员、需锻炼的技能、需检验的设备、需完善的应急处置流程和进一步明确的职责等。

（3）确定演练范围，根据演练需求、经费、资源和时间等条件的限制，确定演练事件类型、等级、参演机构及人数、演练方式等。

（4）安排演练准备与实施的日程计划。包括各种演练文件编写与审定的期限、物资器材准备的期限、演练实施的日期等。

（5）制定演练经费预算，明确演练经费筹措渠道。

3. 演练动员与培训。

在演练开始前要进行演练动员和培训，使所有演练参与人员掌握演练规则、演练情景和各自在演练中的任务；对参演人员要进行应急预案、应急技能及个人防护装备使用等方面的培训；对控制人员要进行岗位职责、演练过程控制和管理等方面的培训；对评估人员要进行岗位职责、演练评估方法、工具使用等方面的培训。

4. 落实演练保障。

（1）人员保障。演练参与人员一般包括演练领导小组、总指挥、总策划、文案人员、控制人员、保障人员、参演人员、模拟人员、评估人员等。在演练的准备过程中，演练组织单位和参与单位应合理安排工作，保证相关人员参与演练活动的时间。

（2）经费保障。演练组织单位每年要根据演练规划制订应急演练经费预算，纳入该场所的年度财政预算，并按照演练需要及时拨付经费，确保演练经费专款专用、节约高效。

（3）场地保障。根据演练方式和内容，经现场勘察后选择合适的演练场地。演练场地应有足够的空间，保证指挥部、集结点、接待站、供应站、救护站、停车场等场地的需要，且应具有良好的交通、生活、卫生和安全条件，尽量避免干扰公众生产和生活。

（4）物资和器材保障。根据需要，准备必要的演练材料、物资和器材，制作必要的模型设施等，主要包括：信息材料、物资设备、通讯器材、演练情景模型等。

（5）通讯保障。应急演练过程中应急指挥机构、总策划、控制人员、参演人员、模拟人员等之间要有及时可靠的信息传递渠道。根据演练需要，可以采用多种公用或专用通讯系统，必要时可组建演练专用通讯与信息网络，确保演练控制信息的快速传递。

（6）安全保障。根据需要为演练人员配备个人防护装备。对可能影响公众生活、易于引起公众误解和恐慌的应急演练，应提前向社会发布公告，告示演练内容、时间、地点和组织单位，并做好应对方案。演练现场要有必要的安保措施，必要时对演练现场进行封闭或管制，保证演练安全进行。

（三）预案演练的实施

1. 演练启动阶段。

演练正式启动前一般要举行简短仪式，由演练总指挥宣布演练开始并启动演练活动。

2. 演练执行阶段。

（1）演练指挥与行动。演练总指挥负责演练实施全过程的指挥控制。当演练总指挥不兼任总策划时，一般由总指挥授权总策划对演练过程进行控制。按照演练方案要求，指挥机构指挥各参演队伍和人员，开展对模拟演练事件的应急处置行动，完成各项演练活动。演练控制人员应掌握演练方案，按总策划的要求，发布控制信息，协调参演人员完成各项演练任务。参演人员根据控制消息和指令，按照演练方案规定的程序开展应急处置行动，完成各项演练活动。

（2）演练过程控制。总策划负责按演练方案控制演练过程。在实战演练中，总策划按照演练方案发出控制消息，控制人员向参演人员和模拟人员传递控制消息。参演人员和模拟人员接收到信息后，按照发生真实事件时的应急处置程序，采取相应的应急处置行动。控制消息可由人工传递，也可以用对讲机、电话、手机等方式传送，在演练过程中，控制人员应随时掌握演练进展情况，并向总策划报告演练中出现的各种问题。

（3）演练解说。在演练实施过程中，可安排专人对演练过程进行解说，内容包括：演练背景描述、进程讲解、案例介绍、环境渲染等。

（4）演练记录。在演练实施过程中，要安排专门人员，采用文字、照片和音像等手段记录演练过程。主要包括演练实际开始与结束时间、演练过程控制情况、各项演练活动中参演人员的表现、意外情况及处置等内容。

（5）演练宣传报道。演练宣传组按照演练宣传方案做好演练宣传报道、信息采集、媒体组织、广播电视节目现场采编和播报等工作，扩大演练的宣传教育效果。

3. 演练结束与终止阶段。

演练完毕，由总策划发出结束信号，演练总指挥宣布演练结束。各参演部门应按规定的信号或指示停止演练动作，按预定方案集合进行现场总结讲评或者组织解散。演练保障组织负责清理和恢复演练现场，尽快撤出演练器材，尤其要仔细查明危险品的清除情况，决不允许任何可能导致人员伤害的物品遗留在演练现场内。

在演练实施过程中出现下列情况之一时，经演练领导小组决定，由演练总指挥按照事先规定的程序和指令终止演练：一是出现真实突发事件，需要参演人员参与应急处置时，要终止演练；二是出现特殊意外情况，短时间内不能妥善处理解决时，可提前终止演练。

（四）预案演练的评估与总结

1. 演练评估。

灭火和应急疏散预案演练结束后，应对其演练活动进行评估。演练评估是在全面分析演练记录及相关资料的基础上，对比参演人员表现与演练目标要求，参照演练计划中所规定的各项具体指标，对演练活动及其组织过程等做出客观评价，并编写演练评估报告。评估报告内容主要包括：演练执行情况、预案的合理性与可操作性、应急指挥人员的指挥协调能力、参演人员的处置能力、演练所用设备的适用性、演练目标的实现情况、演练的成本效益分析、完善预案的建议等。

2. 演练总结。

灭火和应急疏散预案演练结束后，由文案组根据演练记录、演练评估报告、应急预案、现场总结等材料，对本次演练进行全面的总结，并形成演练总结报告。报告内容包括：演练目的，时间和地点，参演单位和人员，演练方案概要，发现的问题与原因，经验和教训，以及改进的建议等。通过总结，固化好的做法，对演练中暴露的问题，找出解决办法，使其预案得到进一步充实和完善。

第二节　火灾报警

发现火灾，应及时报告火警，对于减轻火灾损失具有十分重要的作用。因此，根据《消防法》的规定：任何人发现火灾都应当立即报警。任何单位、个人都应当无偿为报警提供便利，不得阻拦报警，严禁谎报火警。

一、向国家综合性消防救援队报火警的电话及内容

向国家综合性消防救援队报火警的电话是 119。报火警时，必须讲清以下内容：

1. 起火单位和场所的详细地址。包括单位和场所及建筑物和街道名称，门牌号码，靠近何处、并说明起火部位及附近的明显标志等。

2. 火灾基本情况。包括起火的场所和部位、着火的物质、火势的大小，是否有人员被困，火场有无化学危险源等，以便消防救援部门根据情况派出相应的灭火车辆。

3. 报警人姓名、单位及电话号码。

二、报警和接警的处置程序

宾馆、饭店发生火灾，按如下程序进行报警和接警，如图 7-2 所示。

1. 设有消防控制室的场所，其值班人员应按照下列应急程序处置火灾：

（1）接到火灾警报后，值班人员应立即以最快方式确认（如通过视频方式或用对讲机，通知巡逻保安员迅速前往报警现场进行核实）。

（2）火灾确认后，值班人员应立即确认火灾报警联动控制开关处于自动状态，同时拨打 119 电话报警。

（3）值班人员应立即启动宾馆、饭店内部灭火和应急疏散预案，并同时报告单位负责人。

2. 保安巡逻人员或现场人员发现火灾后，应立即按动现场附近手动报警器按钮，或利用通讯工具（消防电话、对讲机和手机等）等方式向单位值班室和有关领导报警，同时拨打 119 电话向国家综合性消防救援队报警。

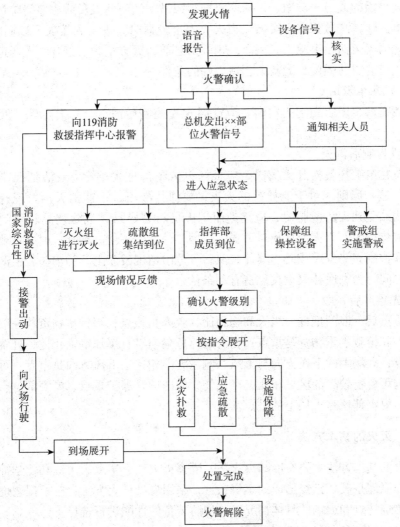

图 7 - 2 报警和接警处置程序

第三节 初起火灾扑救

根据《消防法》的规定，任何单位和成年人都有参加有组织的灭火工作的义务。火灾处于初起阶段，是扑救的最好时机，因此，掌握扑灭初起火灾的知识和技能十分重要。

一、指导思想和基本原则

（一）指导思想

扑救初起火灾，应坚持"救人第一、科学施救"的指导思想。这就是说，当火场遇到被困的人员，宾馆、饭店应立即组织微型消防站人员或志愿消防员先营救被困人员，使其疏散到安全区域。当灭火力量较强时，灭火和救人可以同时进行，但绝不能因灭火而贻误救人时机。人未救出之前，灭火是为了打开救人通道或减小火势对人员的威胁程度，为救人创造更好的条件。

（二）基本原则

扑救宾馆、饭店初起火灾时，应遵循"先控制后消灭，先重点后一般"的基本原则。

1. 先控制后消灭。

单位在组织扑救初起火灾时，应根据火情和自身战斗能力灵活把握"先控制后消灭"这一原则。对于能扑灭的火灾，要抓住战机，迅速消灭；发现有易燃易爆危险物品受到火势威胁时，应迅速组织人员将易燃易爆危险物品转移到安全地点；当火势较大，灭火力量相对薄弱，或因其他原因不能立即扑灭时，就要把主要力量放在控制火势发展或防止爆炸、泄漏等危险情况发生上，为消防救援队到场作战赢得时间，为彻底扑灭火灾创造有利条件。

2. 先重点后一般。

先重点后一般的把握：当人和物相比，救人是重点；当贵重物资与一般物资相比，保护和抢救贵重物资是重点；当有爆炸危险与没有爆炸危险相比，处置爆炸危险是重点；火场上的下风方向与上风、侧风方向相比，下风方向是重点；可燃物集中区域与可燃物较少的区域相比，可燃物集中区域是保护重点；要害部位与其他部位相比，要害部位是火场上的重点。

二、灭火的基本方法

灭火的基本方法主要有冷却灭火法、隔离灭火法、窒息灭火法和化学抑制灭火法等，其原理是破坏已经形成的燃烧条件。采用哪种灭火方法，应根据燃烧物质的性质、燃烧特点和火场的具体情况以及消防装备的性能进行选择。

（一）冷却灭火法

冷却灭火法，是指降低燃烧物的温度，使温度降到物质的燃点或闪点以下。对于可燃固体，用水扑救，将其冷却到燃点以下，火灾即可扑灭。对于可燃液体，将其冷却到闪点以下，燃烧反应就会中止。

（二）隔离灭火法

隔离灭火法，是指将火源周边的可燃物质进行隔离，中断可燃物质的供给，使火势不能蔓延的一种灭火方法。火灾时，搬走火源周边的可燃物，拆除与火源相连接或毗邻的建筑，迅速关闭输送可燃液体或可燃气体的管道阀门，切断流向着火区的可燃液体或可燃气体的输送等，都属于隔离灭火法

（三）窒息灭火法

窒息灭火法，是指减少燃烧区的氧气量，使可燃物无法获得足够的氧化剂助燃

而停止燃烧。可燃物的燃烧是氧化作用，需要在最低氧浓度以上才能进行，低于最低氧浓度，燃烧不能进行，火灾即被扑灭。一般氧浓度低于 15% 时，就不能维持燃烧。在着火场所内，可以通过灌注不燃气体，如二氧化碳、氮气、蒸汽等，来降低防护区或保护对象的氧浓度，从而达到窒息灭火的目的。

（四）化学抑制灭火法

化学抑制灭火法，是指使灭火剂参与到燃烧反应过程中，中断燃烧的链式反应。该方法灭火速度快，使用得当可有效地扑灭初起火灾，减少人员伤亡和财产损失。抑制法灭火对于有焰燃烧火灾效果好，但对深位火灾，由于渗透性较差，灭火效果不理想。

三、常用消防器材的操作使用

（一）灭火器的操作使用

1. 手提式灭火器的操作使用。以干粉灭火器为例，使用灭火器灭火时，先将灭火器从设置点提至距离燃烧物 5m 左右处，然后扯掉保险机构的铅块、拔下保险销。而后一手握住开启压把，另一手握住喷筒，对准火焰根部，用压下灭火器鸭嘴，灭火剂喷出灭火。随着灭火器喷射距离的缩短，操作者应逐渐向燃烧物靠近，如图 7-3 所示。应当指出的是，使用干粉灭火器前，要先将灭火器上下颠倒几次，使筒内干粉松动；使用二氧化碳灭火器灭火时，手一定要握在喷筒木柄处，接触喷筒或金属管要佩戴防护手套，以防局部皮肤被冻伤。

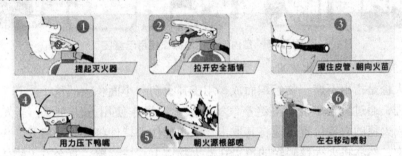

图 7-3　手提式灭火器的操作使用示意图

2. 推车式灭火器的操作使用。以推车式干粉灭火器为例，使用时一般由两人操作，首先一人应将灭火器迅速拉或推到距着火处 5~8m 处，将灭火器放稳，然后拔出保险销，迅速旋转手轮或按下阀门到最大开度位置打开钢瓶；另一人取下喷枪，展开喷射软管，然后一只手握住喷枪枪管，将喷嘴对准火焰根部，另一只手钩动扳机，灭火剂喷出灭火；喷射时要沿火焰根部喷扫推进，直至把火扑灭；灭火后，放松手握开关压把，开关即自行关闭，喷射停止，同时关闭钢瓶上的启闭阀，如图 7-4 所示。

图7-4 推车式灭火器的操作使用示意图

（二）室内消火栓的操作使用

如图7-5所示，发生火灾时，应迅速打开消火栓箱门，按下箱内火灾报警按钮，由其向消防控制室发出火灾报警信号，然后取出水枪，拉出水带，同时把水带接口一端与消火栓接口连接，另一端与水枪连接，展（甩）开水带，把室内消火栓手轮顺着开启方向旋开，同时紧握水枪，通过水枪产生的射流实施灭火。灭火完毕后，关闭室内消火栓及所有阀门，将水带置于阴凉干燥处晾干后，按原水带放置方式置于栓箱内。

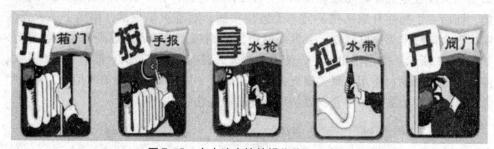

图7-5 室内消火栓的操作使用示意图

（三）灭火毯的操作使用

灭火毯是指由不燃织物编织而成，用于扑火初起小面积火的毯子。其主要利用窒息原理，通过覆盖燃烧物隔绝空气实现灭火。操作使用方法如下：当发生火灾时，从灭火毯的放置位置迅速将其取出，双手握住手持件将灭火毯展开，作盾牌状拿在手中，然后将灭火毯轻轻的覆盖在着火物体上，持续覆盖直至着火物体完全熄灭，如图7-6所示。

1. 取出   2. 展开   3. 覆盖

图7-6 灭火毯的操作使用

四、常见物质和场所的火灾扑救

（一）电器设备火灾扑救

电器设备发生火灾，在扑救时应遵守"先断电，后灭火"原则。如果情况危急需带电灭火，可用干粉灭火器、二氧化碳灭火器灭火，或用灭火毯等不透气的物品将着火电器包裹，让火自行熄灭。千万不要用水扑救，防止发生触电伤亡事故。电视机着火，使用灭火器扑救时，切记灭火器不能直接射向电视荧光屏，荧光屏燃烧散热后再遇冷有可能发生爆炸伤人。若起火电器周围有可燃物，在场人员应及时将起火点周围的可燃物品搬移开，以防止扩大燃烧面积。

（二）厨房火灾扑救

1. 当遇有可燃气体从灶具或管道、设备泄漏时，应立即关闭气源、熄灭所有火源，同时打开门窗通风。

2. 当发现灶具有轻微的漏气着火现象时，应立即断开气源，并用少量干粉洒向火点灭火，或用灭火毯等捂闷火点灭火。

3. 当油锅因温度过高发生自燃起火时，首先应迅速关闭气源熄灭灶火，然后开启手提式灭火器喷射灭火剂扑救，也可用灭火毯，或将锅盖盖上，使着火烹饪物降温、窒息灭火。切忌不要用水流冲击灭火。

（三）密闭房间火灾扑救

当发现密闭房间的门缝冒烟，切不可贸然开门。应通过手摸门把等方式，初步确认内部情况，再决定是否开门，开门时应注意自身安全，切不可直接正对门口，以防止轰燃伤人。

五、扑救初起火灾的程序和措施

宾馆、饭店一旦发生火灾后，应按照灭火和应急疏散预案中的职责分工，各行动小组迅速集结，进入相应位置，并按图7-7所示的程序和措施，扑救初起火灾。

（一）第一灭火战斗力量的形成及处置程序

起火部位现场员工应当于1min内形成灭火第一战斗力量，在第一时间内按如下程序进行处置：

1. 第一发现火情的员工立即呼叫报警，在火灾报警按钮或电话附近的员工按下火灾报警按钮或拨打119电话，向消防控制室或单位值班人员报警。

2. 在灭火器材、设施附近的员工利用现场灭火器、灭火毯、消火栓等器材、设施灭火。

3. 在安全出口或通道附近的员工负责组织引导人员安全疏散。

（二）第二灭火战斗力量的形成及处置程序

火灾确认后，宾馆、饭店消防控制室或值班人员应立即启动灭火和应急疏散预案，在3min内形成灭火第二战斗力量，并按如下程序进行处置：

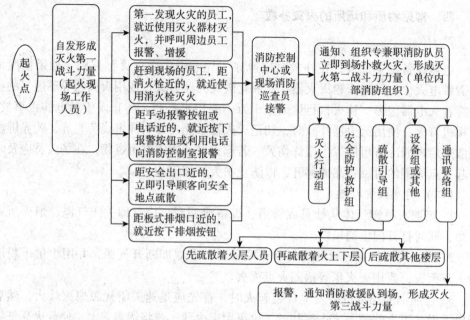

图7-7 扑救初起火灾的程序和措施

1. 通讯联络组按照灭火和应急疏散预案要求通知预案涉及的员工赶赴火灾现场，向火场指挥员报告火灾情况，将火场指挥员的指令下达有关员工，并与消防救援队保持联络。

2. 灭火行动组根据火灾情况利用本单位的消防设施、器材，扑救初起火灾。

3. 疏散引导组按分工组织引导现场人员疏散。

4. 安全救护组负责协助抢救、护送受伤人员；现场警戒组阻止无关人员进入火场，维持火场秩序。

（三）第三灭火战斗力量的形成及处置程序

随着火势的进一步扩大，在5～10min内消防救援队到达火灾现场后形成灭火救援的第三战斗力量，第二战斗力量应协助第三战斗力量工作，如宾馆、饭店相关部位人员负责关闭空调系统和燃气总阀门，切断部分电源，及时疏散易燃易爆化学危险物品及其他重要物品。

第四节 火场应急疏散与逃生

一、火场应急疏散组织及引导

宾馆、饭店一旦发生火灾，单位应迅速组织有关人员，引导被困人员疏散，并进行重要物资转移。

（一）应急疏散通报

应急疏散通报有语音通报和警铃通报两种方式。这里重点阐述语音通报：当确认发生火灾后，消防控制室值班人员要及时启动消防应急广播，播报火情、介绍疏散路线及注意事项。通报次序是：二层及以上的楼房发生火灾，应先通知着火层及其相邻的上下层；首层发生火灾，应先通知本层、二层及地下各层；地下室发生火灾，应先通知地下各层及首层；多个防火分区的，应先通知着火区及其相邻的防火分区。

（二）应急疏散引导

宾馆、饭店单位的疏散引导组，接到其火场指挥部应急疏散指令后，负责人员疏散的工作人员应迅速到位，并应根据建筑特点和周围情况，在楼层、安全出口、疏散通道等处分段安排负责疏散的责任人，通过喊话或发出灯光信号等方式，指明疏散方向，注意稳定人员情绪，负责组织引导火场被困人员快速有序安全疏散到事先划定的安全区域。

特别指出的是，在疏散过程中，疏散引导组要始终保持与消防控制室、火场指挥部等有关部门的联络畅通，根据火场变化情况，随时调整疏散路线，并查看是否有人滞留在应急疏散区域内，当引导人员确认房间无人后再关闭房门，并在房门上做上标记。当火灾无法控制时，火场总指挥要及时通知所有人员迅速撤离。

（三）重要物资疏散转移

火灾时需要疏散转移的物资，通常包括：一是可能扩大火势和有爆炸危险的物资；二是性质重要、价值昂贵的物资；三是影响和妨碍灭火战斗的物资。

注意疏散出来的物资，要放在不影响消防通道和远离火场的安全地点。

（四）应急疏散组织措施

1. 将疏散引导组分成人员疏散和物资疏散小组，指定负责人，明确疏散引导员。

2. 引导人员组织疏散时应首先利用距着火部位最近的疏散楼梯，其次利用未被烟火侵袭的普通楼梯，或其他能够到达安全地点的途径，将人流按照快捷合理的疏散路线引导到场外安全区域。

3. 国家综合性消防救援队到达火场后，应听从其消防救援人员的指挥进行疏散工作。

二、火场疏散逃生的原则和方法

火场被困人员个体疏散逃生的原则和方法如下：

（一）疏散逃生"三要"原则和方法

1. 熟悉环境，记住出口。如图7-8所示，当出入宾馆、饭店时，首先应观察和留心疏散通道、安全出口及楼梯等的位置，或平时通过参加应急疏散预案的演练，熟悉周围环境、消防设施及自救逃生方法，对所在的建筑物及逃生路线做到了然于胸，以便遇到火警能及时疏散，逃离现场。

2. 遇到火灾保持沉着冷静。发生火灾时，面对浓烟和烈火，首先自己保持镇静，迅速判断危险地点和安全地点，决定逃生的办法，尽快撤离险地。千万不要盲目地跟从人流相互拥挤、乱跑乱撞。

3. 警惕烟气的侵害。逃生时，要防止烟雾中毒、窒息，穿过烟火封锁区，应佩戴防毒面具。如果没有这些护具，可采取将毛巾、棉被等衣物浸湿后捂住口鼻，匍匐低姿行走等方式，保护自己免受烟气的伤害，如图 7-9 所示。

图 7-8　熟悉环境和逃生路线

图 7-9　毛巾保护火场逃生

（二）疏散逃生"三救"原则和方法

1. 选择安全疏散通道自救。应根据火势情况，优先选择最便捷、安全的疏散通道，按照应急疏散标志指示的方向，沿着疏散通道和疏散楼梯快速有秩序地撤离。逃生时要采取相应的防止烟气侵害的措施，并匍匐低姿行走或爬行。

2. 借助简易逃生器材滑行自救。当遇到疏散通道或楼梯已经被浓烟烈火封锁，应及时利用缓降器、逃生绳等简易逃生器材下滑"自救"。或利用身边的床单、窗帘等自制简易逃生绳，并用水打湿，然后将其拴在牢固的暖气管道、窗框、床架上，被困人员逐个从窗台或阳台沿绳缓滑到下面楼层或地面，脱离险境。

3. 暂时避难，向外界求"救"。若被大火浓烟封锁在室内，一切逃生之路都已切断，在无路可逃的情况下，应积极寻找暂时避难处所，保护自己。例如，到楼房平顶等待救援，或暂时关闭通向火区的房间门窗，待在房间里，用湿布堵塞缝隙，防止烟火渗入，创造避难场所、固守待援，如图 7-10 所示。与此同时，通过窗口向下面呼喊、招手、打亮手电筒、抛掷物品等，发出求救信号，等待消防队员的救援，如图 7-11 所示；高度超过 100m 的高层宾馆建筑，每隔 50m 都设有避难层（间），当发生火灾时可利用其避难设施，躲避烟火的侵害。

图7-10　固守待援

图7-11　寻求救援

（三）疏散逃生"三不"原则和方法

1. 不乘普通电梯。由于普通电梯的供电系统在发生火灾时随时会断电或因热的作用电梯变形而使人被困在电梯内，同时由于普通电梯井犹如贯通的烟囱般直通各楼层，有毒的烟雾会直接威胁被困人员的生命，因此，火灾逃生时，千万不要乘普通电梯，要根据情况选择相对较为安全的疏散楼梯逃生，如图7-12所示。

2. 不贪恋财物。火场中身处险境，应尽快撤离。不要因害羞或贪恋财物，而把宝贵的逃生时间浪费在穿衣或寻找、搬离贵重物品上。已经逃离险境的人员，切莫为了财物或找人重返险地，如图7-13所示。

图7-12　火场逃生不得乘坐普通电梯

图7-13　不贪恋财物

3. 不轻易跳楼。跳楼求生的风险极大，只要有一线生机，就不要冒险跳楼，出此下策要讲究方法。如果被烟火围困在3层以上的楼层内，千万不要急于跳楼。如果被火困在3层以下的楼内，烟火威胁无条件采取其他自救方法，可选择跳楼逃生。跳楼时，应事先向地面抛掷一些棉被等柔软物品，使身体着落时不直接与路面相撞。另外，跳楼时应采用恰当的方式方法，如用手扒住窗台，身体下垂，自然下滑，以缩小跳落高度。

练习题

1. 单位灭火和应急疏散预案中的组织机构包括哪些?

2. 消防安全重点单位制定的灭火和应急疏散预案应当包括哪些内容?

3. 简述单位灭火和应急疏散预案演练的目的和频次。

4. 宾馆、饭店发生火灾如何向国家综合性消防救援队报火警?

5. 简述宾馆、饭店发生火灾的报警和接警处置程序。

6. 根据《消防法》的规定,公民有哪些消防安全义务?

7. 简述扑救初起火灾的指导思想。

8. 利用灭火毯覆盖在燃烧物表面上,属于哪种灭火方法?其灭火基本原理是什么?

9. 举例说明隔离法灭火的运用。

10. 简述手提式灭火器的操作使用方法。

11. 简述灭火毯的操作使用要领。

12. 电器设备火灾如何扑救?

13. 简述宾馆、饭店第一灭火战斗力量的形成时间及处置程序。

14. 发生火灾为什么不能乘坐普通电梯逃生?

15. 假如您作为宾馆、饭店疏散引导组人员,如何组织引导被困旅客火场应急疏散逃生。

16. 针对"十一"长假您宾馆住宿高峰期,请制订一份灭火和应急疏散预案的演练计划。

第八章　宾馆、饭店消防档案建设与管理

消防档案是单位在消防安全管理工作中形成的文字、图表、声像等记载和反映单位消防安全基本情况和管理过程，并按归档制度集中保管起来的文书及其相关材料。它是单位做好消防安全管理工作的一项基础性工作，因此，根据《消防法》和公安部令第 61 号的有关规定，属于消防安全重点单位的宾馆、饭店应当建立消防档案。

第一节　消防档案种类及内容

宾馆、饭店消防档案分为消防安全基本情况档案和消防安全管理情况档案两大类。

一、消防安全基本情况档案

消防安全基本情况档案，主要包括以下卷宗和内容：

1. 单位基本概况和消防安全重点部位情况卷。
2. 消防管理组织机构和各级消防安全责任人卷。
3. 消防安全制度卷。
4. 消防设施、灭火器材情况卷（主要包括消防设施平面布置图、系统图、灭火器材配置等原始技术资料、消防设施主要组件产品合格证明材料、系统使用说明书、系统调试记录等材料）。
5. 志愿消防队人员及其消防装备配备情况卷。
6. 与消防安全有关的重点工种人员情况卷。
7. 新增消防产品、防火材料的合格证明材料卷。
8. 灭火和应急疏散预案卷。

二、消防安全管理情况档案

消防安全管理情况档案，主要包括以下卷宗和内容：

1. 消防救援机构填发的各种法律文书卷。内容主要包括：消防行政许可、消防监督检查、消防行政处罚、消防行政强制、火灾事故调查等法律文书。

2. 消防设施维护管理卷。内容主要包括：消防设施定期检查记录、自动消防设施全面检查测试的报告以及维修保养的记录。

3. 火灾隐患卷。内容主要包括：火灾隐患及其整改情况记录（应当记明检查的人员、时间、部位、内容、发现的火灾隐患以及处理措施等）。

4. 防火巡、检查卷。内容主要包括：防火检查、巡查记录（应当记明检查的人员、时间、部位、内容）等。

5. 有关燃气、电气设备检测卷。内容主要包括：有关燃气、电气设备检测（包括防雷、防静电）等记录资料（应当记明检查的人员、时间、部位、内容、发现的隐患以及处理措施等）。

6. 消防安全培训卷。内容主要包括：消防安全培训记录（应当记明培训的时间、参加人员、内容等）。

7. 灭火和应急疏散预案的演练卷。内容主要包括：灭火和应急疏散预案的演练记录（应当记明演练的时间、地点、内容、参加部门以及人员等）。

8. 火灾情况记录卷。

9. 消防奖惩情况记录卷。

第二节　消防档案的建设

一、纸质消防档案的建设

（一）有关要求

根据公安部令第 61 号等的有关规定，宾馆、饭店消防档案建设应符合下列要求：

1. 消防安全重点单位及火灾高危单位的宾馆、饭店应当建立健全纸质消防档案（如图 8-1 所示）。一般单位的宾馆、饭店应当将本单位的基本概况、消防救援机构填发的各种法律文书、与消防工作有关的材料和记录等统一保管备查。

2. 消防档案应当翔实，全面反映单位消防工作的基本情况，并附有必要的图表、视听资料等。当单位消防安全基本情况等有变化时，应及时更新消防档案内容。

3. 应根据《消防安全重点单位档案》范本，统一封面、统一归档内容、统一档案制作标准，建立纸质消防档案。

图8－1　单位消防档案

（二）立卷步骤

1. 材料收集。宾馆、饭店消防安全管理人员或档案管理人员，应按照有关要求和格式，将日常消防安全管理工作中形成的分散档案材料收集、汇总起来。

2. 材料鉴定。对收集上来的档案材料，进行归档前的检查，检查其是否完整，判断材料是否属于消防档案内容，是否有保存价值。

3. 材料整理与立卷。将收集并经过鉴定的材料，按一定的规则、方法和程序、装订顺序，进行分类、排列、登记目录和装订，使之成为消防档案卷宗。

二、电子消防档案的建立

电子消防档案的建立，主要依托"社会单位消防安全户籍化管理系统"来完成，如图8－2所示。通过该系统可建立宾馆、饭店单位基本情况、消防安全管理制度及职责、消防组织机构及人员、建筑及消防设施、消防工作记录等五大类消防安全基础档案信息库，并用于提供消防安全管理人员、消防设施维护保养、消防安全自我评估三项消防安全报告备案等情况，以实现社会单位消防安全状况的动态管理和消防档案电子化网络管理。

图8－2　社会单位消防安全户籍化管理系统登录界面

（一）建立电子消防档案的有关要求

宾馆、饭店应按下列要求建立电子消防档案：

1. 根据《社会单位消防安全户籍化管理系统使用规则》（公消〔2013〕101号）的规定，消防安全重点单位的宾馆、饭店，以及有条件的一般单位的宾馆、饭店，除依法建立纸质消防档案外，应依托"社会单位消防安全户籍化管理系统"建立本单位的电子消防档案。

2. 按消防安全户籍化管理系统各模块，如实、完整地采集和录入：单位基本情况、建筑及消防设施信息、单位负责消防工作的机构及人员、消防安全管理制度以及灭火和应急疏散预案等情况；发生火灾的，应及时录入火灾及调查处理情况。

3. 应当按下列要求录入单位日常消防安全管理情况：

（1）设有自动消防系统的单位，每日录入一次消防设施运行情况和消防值班情况；

（2）每日录入一次防火巡查情况；

（3）每月录入一次防火检查情况。

3. 应当按下列要求录入单位消防安全宣传教育培训情况：

（1）新上岗和进入新岗位员工的上岗前消防安全培训情况；

（2）每半年录入一次对员工组织的消防安全培训情况。

4. 应当每半年至少录入一次消防演练情况。

5. 应当通过该系统向消防救援机构报告备案下列工作：

（1）单位依法确定的消防安全责任人、消防安全管理人、专（兼）职消防管理员、消防控制室值班操作人员等人员。

（2）消防安全管理人应当每半年报告一次依法履行消防安全职责情况。

（3）设有建筑消防设施的单位，每月报告备案一次消防设施维保和设备运行情况。不具备维护保养和检测能力的单位，应当委托具有资质的机构进行维护保养和检测，并自维护保养合同签订起5个工作日内将维护保养合同录入。

（4）单位按照消防安全"四个能力"建设标准进行自我评估情况，应当每季度报告备案一次。

（二）电子消防档案建立过程及步骤

单位消防档案管理员首先根据消防救援机构提供的初始账号，登录消防安全户籍化管理系统，为本单位其他系统使用人员创建账号并设置相应级别信息，然后按以下环节来建立：

1. 单位基本情况的电子消防档案建立过程及步骤。

（1）录入并完善单位基本信息。进入单位基本情况页面，如实、完整地录入和完善单位基本情况信息。

（2）设置消防安全制度。进入消防安全管理制度页面，单位根据实际情况勾选相应制度，并报消防救援机构审核确认，然后录入已制定的有关消防安全管理制度具体内容。

（3）设置消防安全岗位职责。进入消防安全岗位职责页面，单位根据实际情况勾选相应岗位职责，并报消防救援机构审核确认，然后录入已确定的消防安全岗位职责具体内容。

（4）录入消防组织机构及人员情况信息。添加录入消防安全责任人、消防安全管理人、消防控制室值班人员、消防设施操作人员、专（兼）职消防管理人员的相关详细信息，生成备案表，并报消防救援机构备案。

（5）完善和确认本单位管理建筑的情况。若本单位为建筑管理单位，应完善和确认本单位管理建筑基本信息、确认建筑消防设施信息、完善建筑消防行政许可情况等。

（6）完善消防安全重点部位信息。进入消防安全重点部位信息维护页面，添加或完善消防安全重点部位信息。

（7）核对单位入驻情况。进入单位入驻情况页面，核对本单位的入驻情况。

（8）管理维护企业维保合同信息。进入企业维保合同维护页面，添加单位维保合同信息，并将合同发送给另一方进行确认，待合同双方确认后系统将自动报消防救援机构备案。

（9）完善单位开业前消防安全检查情况信息。添加完善宾馆、饭店营业前消防安全检查的行政许可情况信息并上传相关法律文书扫描件。

2. 单位开展消防安全管理工作记录的电子档案建立过程及步骤。

（1）每日工作记录电子档案。包括：一是防火巡查。进入管理系统相应页面，录入每日防火巡查记录；二是消防控制室值班。进入管理系统相应页面，添加消防控制室每日值班记录、值班情况信息、火灾报警器日常检查情况信息。

（2）每月工作记录电子档案。包括：一是消防设施维护保养报告备案。消防设施维护保养工作完成后，进入设施保养备案列表页面，添加维护保养记录，并发送给消防救援机构备案；二是消防安全自我评估的报告备案。每季度消防安全自我评估工作完成后，进入自我评估列表页面，添加上季度自我评估情况，并提交备案。

（3）其他日常工作记录电子档案。包括：单位消防安全管理人员变更情况信息；维保合同到期或更换维保企业信息；定期组织员工进行消防安全户籍化在线考试记录；火灾隐患整改情况信息；消防设施存在问题的火灾隐患整改信息。

第三节　消防档案的管理

宾馆、饭店应制定消防档案管理规定，落实管理责任，将消防档案纳入本单位档案统一管理，以便为开展消防安全管理工作提供服务。

一、消防档案管理人员的职责

（一）消防安全责任人及管理人的职责

宾馆、饭店的消防安全责任人和消防安全管理人是本单位消防档案管理第一责任人，应当履行下列职责：

1. 组织建立健全执法档案管理制度，落实人员、经费、场所、设施。

2. 组织检查、鉴定、销毁档案。

（二）档案管理人员的职责

宾馆、饭店专（兼）职档案管理人员应当履行下列职责：

1. 指导消防工作归口管理职能部门的专（兼）职消防管理人员对案卷材料立卷、归档。

2. 接收移交的消防档案，履行检查、签收手续。

3. 按规定对消防档案进行分类、编号和存放。

4. 做好消防档案的收进、借阅、移出、销毁等情况登记和台账管理工作。

5. 不得擅自销毁、涂改或伪造档案，严防丢失、损毁。

6. 离岗时，应当移交全部消防档案和台账，办理工作交接手续。

（三）消防工作归口管理职能部门的专（兼）职消防管理人员的职责

1. 对所承办的消防安全管理活动的有关资料进行收集、整理。严禁弄虚作假、私自留存或损毁案卷材料。

2. 应当在消防安全管理活动完结后规定的日期内立卷、归档并移交档案室（柜）。

3. 消防档案归档内容中有声像材料的，应当按有关案卷装订顺序要求在卷内相应位置列明，并随案卷一并归档、移交。

4. 调离本岗位时，移交所承办或保存的案卷材料。

二、消防档案管理要求

（一）管理方式

消防档案应实行由单位设立消防档案室或专柜，确定专门机构或人员集中统一管理的方式。

（二）管理要求

1. 建立消防档案管理制度和消防档案台账，落实档案管理措施，保证档案的真实、完整、有效和安全。

2. 消防档案应当做到归档材料齐全完整，制作规范，字迹清楚，不能涂改，并采用具有长期保留性能的笔、墨水书写或打印。

3. 卷内材料，除卷内文件目录、备考表、空白页、作废页外，应在正面右上角和反面左上角用铅笔逐页编写阿拉伯数字页号。

4. 消防档案保管要妥善，防止遗失或损毁。特别是对录音带、录像带等电子数据存储介质，存放时应符合防潮、隔热等要求。电子消防档案要适时或定期进行备份，防止因病毒感染、计算机损坏等造成档案灭失。

5. 消防档案要按照档案形成的环节、内容、时间、形式的异同，分类型、层次和顺序进行案卷编目和排列。

三、消防档案保管期限

消防档案保管期限分为永久、长期和短期三种。

1. 永久保存。消防刑事档案应为永久保存。

2. 长期保存。长期保存期限为 16～50 年，如消防救援机构填发的有关法律文书卷应长期保存。

3. 短期保存。短期保存期限为 2～15 年。下列档案为短期保存：防火检查卷、火灾隐患卷、消防设施维护保养卷、燃气与电气设备检测卷、消防安全培训卷、灭火和应急疏散预案的演练卷、消防奖惩情况卷等。例如，建筑消防设施检测记录表、建筑消防设施故障维修记录表、建筑消防设施维护保养计划表、建筑消防设施维护保养记录表和灭火器维修记录，以及认定为重大火灾隐患的档案、接受火灾事故简易调查的案卷，其保存期限不应少于 5 年。

练习题

1. 根据《消防法》的规定，哪些宾馆、饭店应当建立消防档案？

2. 消防安全基本情况档案应当包括哪些卷宗和内容？

3. 消防安全管理情况档案应当包括哪些卷宗内容？

4. 根据《社会单位消防安全户籍化管理系统使用规则》的规定，哪些宾馆、饭店应当建立电子消防档案？

5. 简述消防档案保管期限的种类及规定。

参考文献

［1］全国人大常委会法工委刑法室，公安部消防局．中华人民共和国消防法释义．人民出版社，2009.

［2］清大东方教育科技集团有限公司．消防安全责任人与管理人培训教程．中国人民公安大学出版社，2018.

［3］清大东方教育科技集团有限公司．公共娱乐场所消防安全培训教程．中国人民公安大学出版社，2019.

［4］杜兰萍等．中国消防手册第六卷．上海科学技术出版社，2009.

［5］公安部消防局．消防安全技术实务．机械工业出版社，2017.

［6］闫宁．消防安全管理实务．中国劳动社会保障出版社，2011.